COURS

DE

GÉOMÉTRIE ANALYTIQUE

A L'USAGE

des Élèves de la Classe de Mathématiques spéciales,
des Candidats aux Écoles du Gouvernement,
et des Candidats à l'Agrégation des Sciences mathématiques,

PAR

B. NIEWENGLOWSKI

Ancien Professeur de Mathématiques spéciales au Lycée Louis-le-Grand,
Ancien Membre du Conseil supérieur de l'Instruction publique,
Inspecteur général honoraire de l'Instruction publique.

TOME IV.

APPLICATION DES QUATERNIONS A LA GÉOMÉTRIE ANALYTIQUE.

PARIS

GAUTHIER-VILLARS ET C⁰, ÉDITEURS

LIBRAIRES DU BUREAU DES LONGITUDES, DE L'ÉCOLE POLYTECHNIQUE

Quai des Grands-Augustins, 55

1926

COURS

DE

GÉOMÉTRIE ANALYTIQUE

PARIS. — IMPRIMERIE GAUTHIER-VILLARS ET Cie,
Quai des Grands-Augustins, 55.
77240-26

COURS

DE

GÉOMÉTRIE ANALYTIQUE

A L'USAGE

des Élèves de la Classe de Mathématiques spéciales,
des Candidats aux Écoles du Gouvernement
et des Candidats à l'Agrégation des Sciences mathématiques,

PAR

B. NIEWENGLOWSKI

Ancien Professeur de Mathématiques spéciales au Lycée Louis-le-Grand,
Ancien Membre du Conseil supérieur de l'Instruction publique,
Inspecteur général honoraire de l'Instruction publique.

TOME IV.

APPLICATION DES QUATERNIONS A LA GÉOMÉTRIE ANALYTIQUE.

PARIS

GAUTHIER-VILLARS ET Cie, ÉDITEURS

LIBRAIRES DU BUREAU DES LONGITUDES, DE L'ÉCOLE POLYTECHNIQUE

Quai des Grands-Augustins, 55

1926

AVANT-PROPOS

La méthode des quaternions, qui est d'un usage courant en Angleterre, rend des services surtout en mécanique et en physique. Pour employer utilement ce mode de calcul, il faut se familiariser avec des règles dont l'étude abstraite pourrait paraître un peu pénible.

Nous pensons qu'un des meilleurs moyens pour atteindre le but est d'appliquer cette méthode aux questions que l'on est habitué à traiter par les procédés de la géométrie analytique. La comparaison des deux méthodes offre un intérêt et un bénéfice appréciables.

Je me suis beaucoup servi, pour la rédaction de ce quatrième volume, du *Traité des quaternions* de M. P. G. Tait (¹) et aussi de la brochure de M. Sarrau (²).

Je suis heureux d'offrir mes bien sincères remercîments à M. Thouzellier, directeur de la librairie Gauthier-Villars, pour le très bienveillant accueil qu'il a fait à ce travail.

M. Maluski, proviseur au lycée Carnot, a bien voulu corriger les épreuves. Je lui en exprime toute ma reconnaissance.

B. NIEWENGLOWSKI.

(¹) *Traité élémentaire des quaternions* par P. G. TAIT, traduit par G. PLARR, 2 vol., Paris, Gauthier-Villars.

(²) *Notions sur la théorie des quaternions*, par E. SARRAU, Paris, Gauthier-Villars.

COURS

DE

GÉOMÉTRIE ANALYTIQUE.

TOME IV.

CHAPITRE I.

CALCUL DES VECTEURS ET DES QUATERNIONS.

---

1. Le calcul des imaginaires repose sur l'équation symbolique $i^2 = -1$. Le calcul des quaternions inventé par le mathématicien anglais Sir William Rowan Hamilton (1805-1865) utilise trois unités imaginaires désignées par les lettres i, j, k et définies par les égalités

$$i^2 = -1, \qquad j^2 = -1, \qquad k^2 = -1;$$
$$ij = k, \qquad jk = i, \qquad ki = j,$$
$$ji = -k, \qquad kj = -i, \qquad ik = -j,$$

et, par suite,

$$ij + ji = 0, \qquad jk + kj = 0, \qquad ki + ik = 0.$$

Considérons un trièdre trirectangle $Oxyz$ *sinistrorsum*, c'est-à-dire tel qu'une rotation de 90° de droite à gauche autour de Oz amène Ox sur Oy; une rotation de 90° de droite à gauche autour de Ox amène Oy sur Oz, etc.; on regarde les unités i, j, k comme portées par Ox, Oy, Oz. Soit M un point de coordonnées x, y, z; on lui fait correspondre l'expression

$$u = ix + jy + kz$$

que l'on appelle un *vecteur*. Nous conviendrons de représenter ce vecteur par la notation $\overline{OM}$ et nous poserons $u = \overline{OM}$. Quand il s'agira du vecteur géométrique ayant O pour origine et M pour extrémité, nous emploierons la notation $\overrightarrow{OM}$.

Nous regarderons encore comme équivalentes les notations $M(x, y, z)$ et $M(\alpha)$ pour désigner le point de coordonnées x, y, z ou le point correspondant à l'extrémité du vecteur $\overrightarrow{OM}$.

Soit M' un second point de coordonnées x' y', z', et soit

$$\alpha' = i x' + j y' + k z'.$$

Soient α et α' deux vecteurs; pour qu'ils soient portés par une même droite, il est nécessaire et suffisant que $\alpha' = n\alpha$, n étant un nombre réel. En effet, x, y, z étant les coordonnées de M et x', y', z' celles de M', pour que M et M' soient sur une même droite issue du point O, il faut et il suffit que

$$\frac{x'}{x} = \frac{y'}{y} = \frac{z'}{z}$$

et, par suite, si n est la valeur commune des rapports précédents, on doit avoir

$$x' = nx, \qquad y' = ny, \qquad z' = nz$$

ou

$$\alpha' = n\alpha,$$

α' étant $\overline{OM}$ et α' étant $\overline{OM'}$.

L'égalité $\alpha' = \alpha$ est équivalente aux trois égalités

$$x' = x, \qquad y' = y, \qquad z' = z.$$

Il revient au même d'écrire que les points M et M' sont confondus ou que $\alpha' = \alpha$.

2. Addition des vecteurs. — Soient

$$\alpha = i x + j y + k z,$$
$$\alpha' = i x' + j y' + k z'.$$

On pose

$$\alpha + \alpha' = i(x + x') + j(y + y') + k(z + z').$$

On peut remarquer que le vecteur géométrique

$$\overrightarrow{OP} = \overrightarrow{OM} + \overrightarrow{OM'}$$

a pour extrémité le point P dont les coordonnées sont $x + x'$, $y + y'$, $z + z'$. On aurait de même

$$\alpha - \alpha' = i(x - x') + j(y - y') + k(z - z').$$

Une somme algébrique de vecteurs jouit des mêmes propriétés qu'une somme algébrique de nombre réels.

Il importe de remarquer que le vecteur $\alpha - \alpha'$ désigne un vecteur partant de l'origine, comme tous les vecteurs que nous considérons.

Considérons le parallélogramme AOA'B, on écrit indifféremment

$$\overrightarrow{OB} = \overrightarrow{OA} + \overrightarrow{OA'}$$

ou

$$\overrightarrow{OB} = \overrightarrow{OA} + \overrightarrow{AB}.$$

Nous aurons

$$\overline{OB} = \overline{OA} + \overline{OA'};$$

Fig. 1.

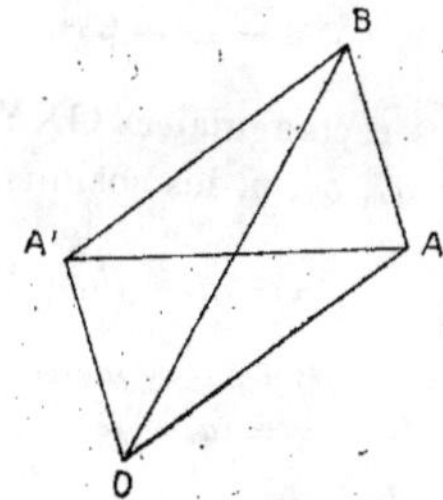

mais en regardant $\overline{AB}$ comme équipollent à $\overline{OA'}$, nous écrirons aussi

$$\overline{OB} = \overline{OA} + \overline{AB}$$

et

$$\overline{AB} = \overline{OB} - \overline{OA}.$$

De même

$$\overline{AA'} = \overline{OA'} - \overline{OA}.$$

Soient A, B, C trois points. On aura

$$\overline{AB} = \overline{OB} - \overline{OA},$$
$$\overline{BC} = \overline{OC} - \overline{OB},$$
$$\overline{CA} = \overline{OA} - \overline{OC}$$

et, par suite,

$$\overline{AB} + \overline{BC} + \overline{CA} = 0.$$

On peut, d'ailleurs, le vérifier. Soient x, y, z les coordonnées du point A; x', y', z' celles du point B, et x'', y'', z'' celles du point C, on a

$$\overline{AB} = i(x' - x) + j(y' - y) + k(z' - z),$$
$$\overline{BC} = i(x'' - x') + j(y'' - y') + k(z'' - z'),$$
$$\overline{CA} = i(x - x'') + j(y - y'') + k(z - z''),$$

donc, en ajoutant membre à membre, on trouve bien une somme nulle.

On a encore

$$n\alpha = i.nx + j.ny + k.nz,$$

n étant un facteur réel, comme on a $\overrightarrow{OP} = n\overrightarrow{OA}$, si les coordonnées du point P sont égales à celles de A multipliées par n.

Pour $n = -1$, on obtient le vecteur $-\alpha$ opposé au vecteur α.

3. Considérons un trièdre $Oxyz$ et soient α, β, γ les vecteurs-unités portés par Ox, Oy, Oz. Soient x, y, z les coordonnées d'un point M. On a

$$\overrightarrow{OM} = \alpha x + \beta y + \gamma z.$$

Prenons trois axes rectangulaires $OXYZ$, orientés comme le premier trièdre. Soient a_1, b_1, c_1 les cosinus directeurs du vecteur α, de sorte que

$$\alpha = ia_1 + jb_1 + kc_1$$

et de même

$$\beta = ia_2 + jb_2 + kc_2,$$
$$\gamma = ia_3 + jb_3 + kc_3.$$

Posons

$$\overrightarrow{OM} = iX + jY + kZ,$$

de telle façon que

$$iX + jY + kZ = (ia_1 + jb_1 + kc_1)x$$
$$+ (ia_2 + jb_2 + kc_2)y$$
$$+ (ia_3 + jb_3 + kc_3)z,$$

on en tire

$$X = a_1 x + a_2 y + a_3 z,$$
$$Y = b_1 x + b_2 y + b_3 z,$$
$$Z = c_1 x + c_2 y + c_3 z,$$

on retrouve les formules de transformation des coordonnées.

4. **Produit de deux vecteurs.** — Soient α, α' deux vecteurs. On pose

$$\alpha\alpha' = (ix + jy + kz)(ix' + jy' + kz'),$$

on effectue comme s'il s'agissait d'une multiplication algébrique; mais, *condition essentielle*, en respectant l'ordre des facteurs et en tenant compte des relations entre i, j, k.

On obtient ainsi

$$\alpha\alpha' = -(xx' + yy' + zz') + i(yz' - zy') + j(zx' - xz') + k(xy' - yx').$$

Le résultat obtenu se compose de deux parties : la première, égale à

$$- (xx' + yy' + zz'),$$

est réelle. On la nomme un *scalaire*; la seconde partie, soit

$$i(yz' - zy') + j(zx' - xz') + k(xy' - yx'),$$

est un vecteur; on dit aussi que c'est la partie vectorielle du produit.

5. L'ensemble scalaire et vecteur constitue ce qu'Hamilton a nommé un *quaternion*.

Ainsi a désignant un scalaire et α un vecteur, toute expression de la forme $a + \alpha$ est un quaternion. On pose

$$q = a + \alpha,$$
$$S\,q = a. \qquad V\,q = \alpha,$$

$S\,q$ désignant le scalaire et $V\,q$ le vecteur du quaternion q.

6. Désignons par r la longueur du vecteur $\overline{OM}$ et par r' celle du vecteur $\overline{OM}'$, et soit θ l'angle MOM'. On peut écrire

$$xx' + yy' + zz' = rr'\left(\frac{x}{r}\,\frac{x'}{r'} + \frac{y}{r}\,\frac{y'}{r'} + \frac{z}{r}\,\frac{z'}{r'}\right),$$

c'est-à-dire

$$xx' + yy' + zz' = rr'\cos\theta.$$

Par conséquent,

$$(1) \qquad S\,\alpha\alpha' = -\,rr'\cos\theta.$$

Remarquons maintenant que le vecteur $\overline{OH}$ étant supposé normal au plan MOM', si l'on nomme l, m, n les coordonnées du point H, on a

$$lx + my + nz = 0,$$
$$lx' + my' + nz' = 0,$$

d'où l'on tire

$$yz' - zy' = l\,\lambda,$$
$$zx' - xz' = m\,\lambda,$$
$$xy' - yx' = n\,\lambda.$$

Si nous supposons $OH = 1$, nous aurons

$$(yz' - zy')^2 + (zx' - xz')^2 + (xy' - yx')^2 = \lambda^2.$$

Or, le premier membre de l'égalité précédente est équivalent à

$$(x^2 + y^2 + z^2)(x'^2 + y'^2 + z'^2) - (xx' + yy' + zz')^2,$$

c'est-à-dire à

$$r^2 r'^2 \sin^2\theta,$$

donc

$$\lambda = \varepsilon\, rr' \sin\theta.$$

On peut donc, en prenant $\varepsilon = +\,1$, poser

$$(2) \qquad \mathrm{V}\alpha\alpha' = rr' \sin\theta\,(il + jm + kn).$$

On voit ainsi que le vecteur $\mathrm{V}\alpha\alpha'$ est perpendiculaire aux deux vecteurs $\alpha,\ \alpha'$ et a pour longueur le produit de leurs longueurs multiplié par le sinus de leur angle.

On voit aisément que $\overline{\mathrm{OH}}$ est dirigé suivant la direction positive de l'axe de sa rotation égale à θ qui amène OM sur OM', de droite à gauche. Nous reviendrons sur ce point.

Remarque. — Hamilton appelle $\alpha\alpha'$ le produit de α' par α; nous avons préféré conserver l'habitude observée pour les facteurs réels.

7. Calculons maintenant le produit $\alpha'\alpha$. On trouve

$$\alpha'\alpha = (i x' + j y' + k z')(i x + j y + k z)$$
$$= -(xx' + yy' - zz') + i(zy' - yz') + j(xz' - zx') + k(yx' - xy').$$

On a donc

$$\mathrm{S}\alpha'\alpha = \mathrm{S}\alpha\alpha',$$
$$\mathrm{V}\alpha'\alpha = -\mathrm{V}\alpha\alpha'.$$

On dit que $\alpha\alpha'$ et $\alpha'\alpha$ sont conjugués.

8. On peut écrire

$$\alpha\,\alpha' = \mathrm{S}\alpha\alpha' + \mathrm{V}\alpha\alpha',$$
$$\alpha'\alpha = \mathrm{S}\alpha\alpha' - \mathrm{V}\alpha\alpha'.$$

On en tire ces deux relations suivantes fort utiles :

$$\alpha\alpha' + \alpha'\alpha = 2\,\mathrm{S}\,\alpha\alpha',$$
$$\alpha\alpha' - \alpha'\alpha = 2\,\mathrm{V}\alpha\alpha'.$$

9. Autres conséquences des formules (1) et (2). — D'après l'égalité (1), on voit que la condition nécessaire et suffisante pour que les vecteurs α et α' soient perpendiculaires est

$$S\alpha\alpha' = 0.$$

D'autre part, $V\alpha\alpha'$ désigne un vecteur perpendiculaire à chacun des vecteurs donnés. Pour qu'un vecteur β soit perpendiculaire à α et à α', il faut et il suffit qu'il soit porté par la même droite que $V\alpha\alpha'$, donc que l'on ait

$$\beta = n V\alpha\alpha'.$$

Il en résulte que les deux équations

$$S\alpha\beta = 0, \qquad S\alpha'\beta = 0$$

entraînent la suivante

$$\beta = n V\alpha\alpha'.$$

Ce qui précède s'applique à $V\alpha'\alpha$, qui est opposé au vecteur $V\alpha\alpha'$.

10. Cas particulier. — Si $\alpha' = \alpha$, le produit $\alpha\alpha'$ devient $\alpha\alpha$ et peut s'écrire α^2. On obtient

$$\alpha^2 = -(x^2 + y^2 + z^2) = -r^2,$$

r désignant la longueur du vecteur $\overline{OM}$.

Il n'est pas inutile de remarquer que

$$S\alpha^2 = \alpha^2 \qquad \text{et} \qquad V\alpha^2 = 0.$$

11. Addition des quaternions. — Un quaternion q peut s'écrire

$$q = a + \alpha,$$

a désignant un scalaire et α un vecteur. Soit r un second quaternion

$$r = b + \beta,$$

on a

$$q + r = (a + b) + (\alpha + \beta),$$

on sait calculer les deux expressions qui figurent au second membre. On sait donc calculer $q + r$. On calculera de même la somme de trois ou d'un plus grand nombre de quaternions. Si n est un scalaire, on a

$$nq = na + n\alpha.$$

On pourra calculer une somme de la forme

$$nq + pr + \ldots,$$

et l'on voit immédiatement qu'une pareille expression jouit des mêmes propriétés qu'une somme de même forme où tous les éléments seraient réels.

12. Produit de quaternions. — Soient

$$q = a + \alpha,$$
$$r = b + \beta,$$

on en tire

$$qr = (a + \alpha)(b + \beta) = ab + \alpha b + a\beta + \alpha\beta,$$

on peut d'ailleurs écrire $b\alpha$ au lieu de αb. On a ainsi

$$qr = (ab + \mathrm{S}\,\alpha\beta) + (b\alpha + a\beta + \mathrm{V}\,\alpha\beta),$$

de telle sorte que

$$\mathrm{S}\,qr = ab + \mathrm{S}\,\alpha\beta,$$
$$\mathrm{V}\,qr = b\alpha + a\beta + \mathrm{V}\,\alpha\beta.$$

En particulier, on saura multiplier un quaternion par un vecteur. Donc, si α, β, γ désignent des vecteurs, on pourra calculer le produit $\alpha\beta\gamma$ en multiplant le quaternion $\alpha\beta$ par le vecteur γ, ..., et l'on pourra continuer avec un nombre quelconque de vecteurs ou de quaternions. Les produits ainsi définis sont *associatifs* et *distributifs;* cela résulte évidemment de ce que les produits ayant pour facteurs les vecteurs-unités i, j, k jouissent de ces propriétés. Ainsi, par exemple, $ijk = ij \cdot k$; $ijkj = ij \cdot kj$, ..., comme on s'en assure immédiatement.

13. Tenseurs. — Soit

$$q = a + ix + jy + kz$$

un quaternion. On appelle module, ou tenseur de ce quaternion, et l'on désigne par $\mathrm{T}q$ la quantité définie par l'égalité

$$\mathrm{T}q = \sqrt{a^2 + x^2 + y^2 + z^2} = \sqrt{a^2 - \alpha^2},$$

α étant le vecteur de q.

On pose $q = \mathrm{T}q \cdot \mathrm{U}q$.

14. Quaternions conjugués. — On appelle conjugué du quaternion q et l'on désigne par Kq le quaternion défini par l'égalité

$$Kq = a - (ix + jy + kz).$$

Il est clair que le conjugué de Kq est le quaternion q.

On a

$$q \cdot Kq = (Tq)^2.$$

En effet, on peut écrire

$$q = a + \alpha, \qquad Kq = a - \alpha,$$

d'où

$$q \cdot Kq = (a + \alpha)(a - \alpha) = a^2 - \alpha^2 = (Tq)^2.$$

De même, si le vecteur α est

$$\alpha = ix + jy + kz,$$
$$T\alpha = \sqrt{x^2 + y^2 + z^2}.$$

Plus généralèment si

$$\rho = x\alpha + y\beta + z\gamma,$$

α, β, γ étant trois vecteurs-unités rectangulaires, on a

$$(T\rho)^2 = x^2 + y^2 + z^2,$$

et, par suite, si

$$\rho = \alpha + \beta + \gamma,$$

α, β, γ étant des vecteurs rectangulaires,

$$(T\rho)^2 = (T\alpha)^2 + (T\beta)^2 + (T\gamma)^2.$$

Considérons encore le vecteur

$$\alpha - \alpha' = i(x - x') + j(y - y') + k(z - z'),$$
$$T(\alpha - \alpha') = \sqrt{(x - x')^2 + (y - y')^2 + (z - z')^2};$$

donc $T(\alpha - \alpha')$ est la longueur du vecteur géométrique AA'.

On a aussi

$$T(\alpha + \alpha') = \sqrt{(x + x')^2 + (y + y')^2 + (z + z')^2}.$$

$T(\alpha + \alpha')$ est la longueur du vecteur égal à la somme des vecteurs α, α'.

On peut aussi écrire

$$(Tq)^2 = (Sq)^2 + (TVq)^2.$$

Si α et β sont deux vecteurs, on a

$$K\alpha\beta = \beta\alpha.$$

Cela étant, je dis que

$$Kqr = Kr.Kq.$$

En effet, de

$$q = a + \alpha,$$
$$r = b + \beta,$$

on tire

$$qr = ab + a\beta + b\alpha + \alpha\beta$$

et

$$Kqr = ab - a\beta - b\alpha + \beta\alpha.$$

Mais

$$Kr = b - \beta,$$
$$Kq = a - \alpha,$$
$$Kr.Kq = ba - b\alpha - a\beta + \beta\alpha.$$

La proposition est établie.

On en déduit une proposition très importante.

On a

$$(Tqr)^2 = qr.Kqr = qrKrKq = q(Tr)^2Kq = (Tr)^2qKq = (Tr)^2(Tq)^2,$$

c'est-à-dire

$$(Tqr)^2 = (Tq)^2(Tr)^2.$$

On voit ainsi que le tenseur d'un produit de deux quaternions est égal au produit des tenseurs des deux facteurs, et la proposition s'étend à un nombre quelconque de facteurs.

15. Corollaire. — Écrivons, d'après ce qui précède,

$$(Tq)^2(Tr)^2 = (Tqr)^2 = (Sqr)^2 + (TVqr)^2.$$

Mais, en posant

$$q = a + ix + jy + kz,$$
$$r = a' + ix' + jy' + kz',$$

on a

$$Sqr = aa' - xx' - yy' - zz',$$
$$Vqr = \quad i(ax' + a'x + yz' - zy')$$
$$+ j(ay' + a'y + zx' - xz')$$
$$+ k(az' + a'z + xy' - yx'),$$

donc, on retrouve la formule connue :

$$(a^2 + x^2 + y^2 + z^2)(a'^2 + x'^2 + y'^2 + z'^2)$$
$$= (aa' - xx' - yy' - zz')^2 + (ax' + a'x + yz' - zy')^2$$
$$+ (ay' + a'y + zx' - xz')^2$$
$$+ (az' + a'z + xy' - yx')^2.$$

16. D'après l'égalité (2), si l'on remarque que $T\alpha = r$, $T\alpha' = r'$, on obtient l'équation suivante, qui nous sera utile plus loin :

$$TV\alpha\alpha' = T\alpha . T\alpha' \sin(\alpha, \alpha').$$

17. Soit M un point de coordonnées rectangulaires x, y, z de façon que

$$\overline{OM} = \rho = ix + jy + kz.$$

Prenons trois axes quelconques portant les vecteurs α, β, γ et soient x' y', z' les coordonnées de M dans ce système. Le vecteur $\overline{OM}$ est la résultante des trois vecteurs

$$U\alpha.x', \quad U\beta.y', \quad U\gamma.z',$$

et, par suite, on a aussi

$$\rho = U\alpha.x' + U\beta.y' + U\gamma.z'.$$

On sait que

$$\rho^2 = -(x^2 + y^2 + z^2).$$

Calculons

$$(U\alpha.x' + U\beta.y' + U\gamma.z')^2.$$

On a

$$(U\alpha x' + U\beta y' + U\gamma z')(U\alpha.x' + U\beta.y' + U\gamma.z')$$
$$= -x'^2 - y'^2 - z'^2 + (U\alpha.U\beta + U\beta.U\alpha)x'y'$$
$$+ (U\beta.U\gamma + U\gamma.U\beta)y'z'$$
$$+ (U\gamma.U\alpha + U\alpha.U\gamma)z'x'.$$

Mais

$$U\alpha U\beta + U\beta U\alpha = 2SU\alpha U\beta,$$
$$U\beta U\gamma + U\gamma U\beta = 2SU\beta U\gamma,$$
$$U\gamma V\alpha + U\alpha U\gamma = 2SU\gamma U\alpha.$$

Posons

$$(Ox', Oy') = \nu, \quad (Oy', Oz') = \lambda, \quad (Oz', Ox') = \mu.$$

Nous obtiendrons ainsi le carré cherché, et en égalant les deux expressions obtenues pour ρ^2, nous obtiendrons

$$x^2 + y^2 + z^2 = x'^2 + y'^2 + z'^2 + z'^2 + 2y'z'\cos\lambda + 2z'x'\cos\mu + 2x'y'\cos\nu.$$

18. Avant d'aller plus loin, nous ferons la remarque suivante qui nous permettra de faciliter les calculs. Considérons un nouveau système d'axes rectangulaires formant un trièdre OXYZ de même disposition que le trièdre $Oxyz$.

Adoptons les mêmes notations que dans la transformation des coordonnées, c'est-à-dire appelons a, b, c, a', ..., c'' les cosinus définis par le tableau

	Ox	Oy	Oz
OX	a	b	c
OY	a'	b'	c'
OZ	a''	b''	c''

et posons

$$I = ia + jb + kc,$$
$$J = ia' + jb' + kc',$$
$$K = ia'' + jb'' + kc''.$$

En tenant compte des propriétés des 9 cosinus, on trouve

$$I^2 = -1, \qquad J^2 = -1, \qquad K^2 = -1,$$
$$IJ = K, \qquad JK = I, \qquad KI = J,$$
$$JI = -K, \qquad KJ = -I, \qquad IK = -J,$$

donc les vecteurs-unités I, J, K jouissent des mêmes propriétés que les vecteurs-unités fondamentaux i, j, k.

Soit α un vecteur OM, les coordonnées de M étant x, y, z dans le premier système et X, Y, Z dans le second, on a

$$\alpha = ix + jy + kz = \quad i(aX + a'Y + a''Z)$$
$$+ j(bX + b'Y + b''Z)$$
$$+ k(cX + c'Y + c''Z),$$

c'est-à-dire

$$\alpha = IX + JY + KZ.$$

On voit que les nouveaux axes jouent le même rôle que les axes primitifs.

Or, les nouveaux axes peuvent être choisis arbitrairement. Il en résulte que pour établir une formule relative à des quaternions, on peut donner aux vecteurs une position particulière par rapport aux axes sans diminuer la généralité. Ainsi, par exemple, pour calculer α^2, on peut supposer α porté par Ox et poser $\alpha = ir$, ce qui donne immédiatement $\alpha^2 = -r^2$, et l'on peut en conclure que si

$$\alpha = ix + jy + kz,$$

on a

$$\alpha^2 = -(x^2 + y^2 + z^2).$$

19. Soient α et α' deux vecteurs. Nous supposerons α porté par Ox et α' dans le plan xOy; en d'autres termes, nous poserons

$$\alpha = ir, \qquad \alpha' = r'(i\cos\theta + j\sin\theta),$$

on en déduit

$$\alpha\alpha' = rr'(-\cos\theta + k\sin\theta).$$

Nous avons donc

$$S\alpha\alpha' = -rr'\cos\theta,$$
$$V\alpha\alpha' = rr'\sin\theta\,k,$$

ce qui confirme les résultats obtenus au n° **6.**

On trouvera de même

$$S\alpha'\alpha = -rr'\cos\theta = S\alpha\alpha',$$
$$V\alpha'\alpha = -rr'\sin\theta\,k = -V\alpha\alpha'.$$

20. Nous allons appliquer cette méthode au calcul du produit $\alpha\beta\gamma$ de trois vecteurs.

La marche naturelle consiste à effectuer d'abord le calcul du produit $\alpha\beta$ et à multiplier ensuite le résultat obtenu par γ. En procédant autrement nous obtiendrons le résultat sous une forme qui est d'un usage très fréquent.

Nous supposerons α porté par Ox, β dans le plan xOy et γ dans une situation quelconque; en d'autres termes, nous poserons

$$\alpha = ir, \qquad \beta = r'(i\cos\theta + j\sin\theta), \qquad \gamma = r''(ia + jb + kc),$$

r, r', r'' étant les longueurs de ces vecteurs, on a

$$\alpha\beta = rr'(-\cos\theta + k\sin\theta),$$

d'où

$$\alpha\beta\gamma = rr'r''(-\cos\theta + k\sin\theta)(ia + jb + kc)$$

et, en effectuant,

$$\alpha\beta\gamma = -rr'r''c\sin\theta - rr'\cos\theta.\gamma - irr'r''(a\cos\theta + b\sin\theta)$$
$$+ arr''.r'(i\cos\theta + j\sin\theta),$$

ce qui peut s'écrire

$$\alpha\beta\gamma = -rr'\sin\theta.cr'' + \alpha\,S\,\beta\gamma - \beta\,S\,\gamma\alpha + \gamma\,S\,\alpha\beta.$$

On a ainsi

$$S\,\alpha\beta\gamma = -rr'\sin\theta\,cr''$$

et

(3) $$\qquad V(\alpha\beta\gamma) = \alpha\,S\,\beta\gamma - \beta\,S\,\gamma\alpha + \gamma\,S\,\alpha\beta.$$

On peut remarquer qu'il résulte de cette équation que

$$V(\alpha\beta\gamma) = V(\gamma\beta\alpha).$$

21. La formule précédente nous conduit facilement à une autre formule.

On a

$$V(V\alpha\beta.\gamma) = V\alpha\beta\gamma - V(S\alpha\beta.\gamma)$$
$$= V\alpha\beta\gamma - \gamma\,S\,\alpha\beta,$$

donc

$$V(V\alpha\beta.\gamma) = \alpha\,S\,\beta\gamma - \beta\,S\,\gamma\alpha.$$

1° Remplaçons γ par $V\beta\gamma$. Nous aurons

$$V(V\alpha\beta.V\beta\gamma) = \alpha\,S\,\beta\,V\beta\gamma - \beta\,S\,\alpha\,V\beta\gamma.$$

Mais

$$S\,\beta\,V\beta\gamma = S\,\beta\beta\gamma = o,$$
$$S\,\alpha\,V\beta\gamma = S\,\alpha\beta\gamma,$$

donc

$$V[(V\alpha\beta)(V\beta\gamma)] = -\beta\,S\,\alpha\beta\gamma.$$

2° Remplaçons γ par $V\gamma\delta$ et calculons

$$V(V\alpha\beta\,V\gamma\delta),$$

on a

$$V[(V\alpha\beta)(V\gamma\delta)] = V(\alpha\beta\,V\gamma\delta) - (S\,\alpha\beta)V\gamma\delta$$
$$= \alpha\,S\,\beta\,V\gamma\delta - \beta\,S\,\alpha\,V\gamma\delta.$$

Mais

$$S\,\beta\,V\gamma\delta = S\,\beta\gamma\delta - S\,\beta\,S\,\gamma\delta = S\,\beta\gamma\delta,$$

et de même

$$S\,\alpha\,V\gamma\delta = S\,\alpha\gamma\delta,$$

donc
$$V(V\alpha\beta V\gamma\delta) = \alpha S\beta\gamma\delta - \beta S\alpha\gamma\delta.$$

22. Autre expression de $S\alpha\beta\gamma$. — Nous avons déjà trouvé une expression de $S\alpha\beta\gamma$ (20). Nous allons en trouver une autre. On a
$$\alpha\beta = S\alpha\beta + V\alpha\beta,$$
donc
$$\alpha\beta\gamma = \gamma S\alpha\beta + (V\alpha\beta)\gamma.$$

Or, $\gamma S\alpha\beta$ est un vecteur. Donc
$$S\alpha\beta\gamma = S(V\alpha\beta)\gamma.$$

Mais
$$V\alpha\beta = i(yz' - zy') + j(zx' - xz') + k(xy' - yx'),$$

car on a posé
$$\alpha = ix + jy + kz,$$
$$\beta = ix' + jy' + kz',$$

donc, en appliquant la formule précédente,
$$S\alpha\beta\gamma = -x''(yz' - zy') - y''(zx' - xz') - z''(xy' - yx'),$$

c'est-à-dire
$$(4) \qquad S\alpha\beta\gamma = - \begin{vmatrix} x & y & z \\ x' & y' & z'' \\ x'' & y'' & z'' \end{vmatrix}.$$

De là résulte cette conséquence : pour que α, β, γ soient coplanaires, il faut et il suffit que
$$S\alpha\beta\gamma = o.$$

On peut encore déduire que
$$S\alpha\beta\gamma = S\beta\gamma\alpha = S\alpha\beta\gamma.$$

23. La même formule qu'on peut écrire
$$S(V\alpha\beta.\gamma) = S\alpha\beta\gamma$$

peut être rapprochée d'une formule analogue :
$$S\alpha V\beta\gamma = S\alpha\beta\gamma.$$

On a, en effet,
$$\beta\gamma = S\beta\gamma + V\beta\gamma,$$

d'où

$$\alpha\beta\gamma = \alpha\,S\,\beta\gamma + \alpha\,V\,\beta\gamma,$$

donc

$$S\,\alpha\beta\gamma = S\,\alpha\,V\beta\gamma.$$

24. Remarque. — Si α, β, γ sont trois vecteurs coplanaires, $\alpha\beta\gamma$ est un vecteur puisque $S\,\alpha\beta\gamma = 0$.

On peut le voir directement. En effet,

$$\gamma = a\alpha + b\beta,$$

puisque γ est dans le même plan que α et β ; donc

$$\alpha\beta\gamma = \alpha\beta(a\alpha + b\beta)$$
$$= a\,.\,\alpha\beta\alpha + b\,\alpha\beta^2.$$

Or,

$$S\,\alpha\beta\alpha = 0$$

et

$$V\,\alpha\beta\alpha = 2\alpha\,S\,\beta\alpha - \beta\alpha^2,$$

donc

$$\alpha\beta\gamma = 2\,a\,\alpha\,S\,\beta\alpha - a\alpha^2\,.\,\beta + b\,\beta^2\alpha,$$

$\alpha\beta\gamma$ est donc la résultante de deux vecteurs portés par les mêmes droites que α et β et, par suite, $\alpha\beta\gamma$ est un vecteur tracé dans le plan qui contient α, β, γ.

25. Exprimer un vecteur en fonction de trois autres. — Soient α, β, γ, δ quatre vecteurs. On a

$$\delta = l\alpha + m\beta + n\gamma,$$

l, m, n étant des nombres.

On déduit de l'égalité précédente

$$S\,\beta\gamma\delta = l\,S\,\beta\gamma\alpha + m\,S\,\beta\gamma\beta + n\,S\,\beta\gamma^2.$$

Mais $S\,\beta\gamma\beta = 0$, $S\,\beta\gamma^2$ est un nul, car $\beta\gamma^2$ est un vecteur ; en outre,

$$S\,\beta\gamma\alpha = S\,\alpha\beta\gamma,$$

donc

$$l\,S\,\alpha\beta\gamma = S\,\beta\gamma\delta.$$

On trouvera de même

$$m\,S\,\alpha\beta\gamma = S\,\gamma\alpha\delta,$$
$$n\,S\,\alpha\beta\gamma = S\,\alpha\beta\delta,$$

et l'on obtient la formule

$$\delta . S\,\alpha\beta\gamma = \alpha\,S\,\beta\gamma\delta + \beta\,S\,\gamma\alpha\delta + \gamma\,S\,\alpha\beta\delta.$$

Vérification. — Supposons

$$\delta = i\,x + j\,y + k\,z,$$
$$\alpha = i, \quad \beta = j, \quad \gamma = k;$$

alors

$$S\,\alpha\beta\gamma = -1,$$
$$S\,\beta\gamma\delta = S\,i\,\delta = -x,$$
$$S\,\gamma\alpha\delta = S\,j\,\delta = -y,$$
$$S\,\alpha\beta\delta = S\,k\,\delta = -z,$$

on retrouve ainsi

$$-\delta = -\alpha x - \beta y - \gamma z,$$

c'est-à-dire

$$\delta = i\,x + j\,y + k\,z_1.$$

26. Autre formule. — Si α, β, γ forment un trièdre, $V\alpha\beta$, $V\beta\gamma$, $V\gamma\alpha$ forment le trièdre supplémentaire. On peut exprimer un quatrième vecteur δ au moyen de ces trois vecteurs. Posons

$$\delta = x\,V\alpha\beta + y\,V\beta\gamma + z\,V\gamma\alpha.$$

On en tire

$$S\,\gamma\delta = x\,S(\gamma\,V\alpha\beta) + y\,S(\gamma\,V\beta\gamma) + z\,S(\gamma\,V\gamma\alpha).$$

Mais

$$S(\gamma\,V\alpha\beta) = S\,\gamma\alpha\beta = S\,\alpha\beta\gamma,$$
$$S\,\gamma\,V\beta\gamma = S\,\gamma\beta\gamma = 0,$$
$$S\,\gamma\,V\gamma\alpha = S\,\gamma^2\alpha = 0,$$

donc

$$x\,S\,\alpha\beta\gamma = S\,\gamma\delta,$$

et pareillement pour y et z. On a donc

$$\delta\,S\,\alpha\beta\gamma = S\,\gamma\delta . V\alpha\beta + S\,\alpha\delta . V\beta\gamma + S\,\beta\delta . V\gamma\alpha.$$

27. Carré d'une somme. — Prenons en premier lieu une somme de deux vecteurs. On a

$$(\alpha + \beta)^2 = (\alpha + \beta)(\alpha + \beta)$$
$$= \alpha^2 + \beta\alpha + \alpha\beta + \beta^2.$$

Or,

$$\alpha\beta + \beta\alpha = 2\,S\,\alpha\beta,$$

donc

$$(\alpha + \beta)^2 = \alpha^2 + \beta^2 + 2\,S\,\alpha\beta.$$

28. Application. — Considérons un triangle ABC et posons

$$\overline{BC} = \alpha, \qquad \overline{BA} = \beta, \qquad \overline{AC} = \gamma,$$

on a

$$\alpha = \beta + \gamma,$$

donc

$$\alpha^2 = \beta^2 + \gamma^2 + 2\,S\,\beta\gamma.$$

Si l'on désigne les côtés du triangle ABC par a, b, c, l'égalité précédente donne

$$- a^2 = - b^2 - c^2 - 2\,bc\cos(BA, AC),$$

c'est-à-dire

$$a^2 = b^2 + c^2 - 2\,bc\cos A.$$

29. Forme normale d'un quaternion. — Soit

$$q = a + i\,x + j\,y + k\,z.$$

Posons $T q = R$, ce qui donne

$$R^2 = a^2 + x^2 + y^2 + z^2.$$

On peut donc poser

$$a = R\cos\theta, \qquad \sqrt{x^2 + y^2 + z^2} = R\sin\theta,$$

donc, si l'on pose

$$i\,x + j\,y + k\,z = \lambda\,R\sin\theta,$$

on en tire

$$\lambda^2 = -\,1.$$

On peut donc poser

$$(1) \qquad\qquad q = R(\cos\theta + \lambda\sin\theta),$$

λ étant un vecteur-unité.

On a aussi

$$Kq = R(\cos\theta - \lambda\sin\theta).$$

On peut remarquer que

$$(\cos\theta + \lambda\sin\theta)(\cos\theta - \lambda\cos\theta) = 1,$$

donc

$$q.Kq = R^2 = (T q)^2.$$

30. De (1) on tire

$$q^2 = R^2(\cos^2\theta - \sin^2\theta + 2\lambda\sin\theta\cos\theta),$$

c'est-à-dire

$$q^2 = R^2(\cos 2\theta + \lambda\sin 2\theta).$$

D'une manière générale,

$$q^n = R^n(\cos n\theta + \lambda \sin n\theta).$$

Il suffit de prouver que si la formule est vraie pour n, elle l'est pour $n+1$. Or,

$$q^{n+1} = R^n(\cos n\theta + \lambda \sin n\theta)\, R(\cos\theta + \lambda \sin\theta)$$
$$= R^{n+1}[\cos n\theta \cos\theta - \sin n\theta \sin\theta + \lambda(\sin n\theta \cos\theta + \cos n\theta \sin\theta)]$$

ou

$$q^{n+1} = R^{n+1}[\cos(n+1)\theta + \lambda \sin(n+1)\theta].$$

31. Considérons maintenant le quaternion

$$q' = R^{\frac{1}{2}}\left(\cos\frac{1}{2}\theta + \lambda \sin\frac{1}{2}\theta\right),$$

on a

$$q'^2 = q.$$

Nous poserons, d'après cette remarque,

$$q^{\frac{1}{2}} = R^{\frac{1}{2}}\left(\cos\frac{1}{2}\theta + \lambda \sin\frac{1}{2}\theta\right);$$

soit maintenant

$$q'' = R^{-\frac{1}{2}}\left(\cos\frac{\theta}{2} - \lambda \sin\frac{\theta}{2}\right),$$

on aura

$$q'' \times q' = 1;$$

pour cette raison, nous poserons

$$R^{-\frac{1}{2}}\left(\cos\frac{\theta}{2} - \lambda \sin\frac{\theta}{2}\right) = q^{-\frac{1}{2}}.$$

Nous aurons à utiliser ces formules.

On posera de même

$$q^{\frac{n}{p}} = R^{\frac{n}{p}}\left(\cos\frac{n\theta}{p} + \lambda \sin\frac{n\theta}{p}\right),$$
$$q^{-\frac{n}{p}} = R^{-\frac{n}{p}}\left(\cos\frac{n\theta}{p} - \lambda \sin\frac{n\theta}{p}\right).$$

32. L'expression

$$\cos\theta + \lambda \sin\theta$$

se nomme le *verseur* de q, et on la représente par $\mathrm{U}q$.

On a ainsi, comme on l'a déjà vu,

$$q = \mathrm{T}\,q \cdot \mathrm{U}\,q,$$

et cela s'applique aux vecteurs ; α étant un vecteur

$$\alpha = \mathrm{T}\,\alpha\,\mathrm{U}\,\alpha.$$

Le plan mené par l'origine O et perpendiculaire au vecteur λ se nomme le plan du quaternion q, ou du verseur $\mathrm{U}q$, l'angle θ est l'angle du quaternion. Deux quaternions conjugués ont le même plan et des angles opposés.

33. Proposons nous maintenant d'étudier le produit d'un vecteur et d'un verseur, quand le vecteur est dans le plan du verseur. Nous supposerons ce plan confondu avec le plan xOy, et par suite nous supposerons $\lambda = k$. En outre, nous supposerons le vecteur porté par l'axe des x. Dans ces conditions, nous obtenons

$$(\cos\theta + k\sin\theta)ir = r(i\cos\theta + j\sin\theta)$$

et

$$ir(\cos\theta + k\sin\theta) = r(i\cos\theta - j\sin\theta),$$

d'où ces conclusions : le produit d'un verseur par un vecteur tracé dans son plan est le vecteur obtenu en faisant tourner le premier vecteur de l'angle du verseur autour de son axe, et le produit du vecteur par le verseur est le premier vecteur que l'on aura fait tourner autour du même axe de l'angle $-\theta$.

34. **Remarque.** — Il résulte de ce qui précède, que si u est un vecteur du plan du verseur

$$v = \cos\theta + \lambda\sin\theta,$$

on a

$$(\cos\theta + \lambda\sin\theta)u = u(\cos\theta - \lambda\sin\theta),$$

c'est-à-dire

$$vu = uv^{-1},$$

d'où

$$vuv = u.$$

Mais cette identité n'est vraie que si le vecteur u est dans le plan du verseur v.

35. **Problème.** — *Étant donnés les coordonnées x, y, z d'un*

point M *et les cosinus directeurs* a, b, c *d'un axe* OR, *on fait tourner le point* M *d'un angle* θ *autour de* OR, *trouver les coordonnées* x_1, y_1, z_1 *du point* M_1 *avec lequel* M *vient coïncider.*

Premier cas. — Les droites OM et OR sont perpendiculaires. Posons

$$\lambda = ia + jb + kc,$$
$$\overline{OM} = u, \qquad \overline{OM}_1 = u_1,$$

on a

$$u_1 = (\cos\theta + \lambda\sin\theta)u,$$

c'est-à-dire

$$ix_1 + jy_1 + kz_1 = [\cos\theta + (ia + jb + kc)\sin\theta](ix + jy + kz).$$

Il s'agit d'égaler de part et d'autre les coefficients de i, j, k, et l'on trouve immédiatement, en remarquant que $ax + by + cz$ est nul, en vertu de l'hypothèse OM et OR rectangulaires,

$$x_1 = x\cos\theta + (bz - cy)\sin\theta,$$
$$y_1 = y\cos\theta + (cx - az)\sin\theta,$$
$$z_1 = z\cos\theta + (ay - bx)\sin\theta.$$

Second cas. — OM n'étant pas perpendiculaire à OR, soit P la projection commune des points M et M_1 sur l'axe OR. On a

$$\overline{OM} = \overline{OP} + \overline{PM},$$
$$\overline{OM}_1 = \overline{OP} + \overline{PM}_1.$$

Soient $\overline{Om}$ et $\overline{Om}_1$ deux vecteurs respectivement équivalents à $\overline{PM}$ et $\overline{PM}_1$; si l'on fait tourner autour de OR, le vecteur $\overline{Om}$ de l'angle $\dfrac{\theta}{2}$ et le vecteur $\overline{Om}_1$ de l'angle $-\dfrac{\theta}{2}$, l'un et l'autre viendront coïncider avec un même vecteur Om_2. Posant

$$\cos\theta + \lambda\sin\theta = v,$$

nous aurons

$$\cos\frac{\theta}{2} + \lambda\sin\frac{\theta}{2} = v^{\frac{1}{2}}, \qquad \cos\frac{\theta}{2} - \lambda\sin\frac{\theta}{2} = v^{-\frac{1}{2}},$$

et l'on aura

$$v^{\frac{1}{2}}\,\overline{Om} = \overline{Om_2}, \qquad \overline{Om}_1 v^{\frac{1}{2}} = \overline{Om_2},$$

d'où l'on tire

$$\overline{Om}_1 = \overline{Om_2}\,v^{-\frac{1}{2}},$$

c'est-à-dire

$$\overline{O\,m_1} = v^{\frac{1}{2}}\,\overline{O\,m}\,v^{-\frac{1}{2}}.$$

Posons

$$\overline{OP} = h\lambda, \qquad \overline{O\,m} = u, \qquad \overline{O\,m_1} = u_1,$$

on a

$$\overline{O\,m} = u - h\lambda, \qquad \overline{O\,m_1} = u_1 - h\lambda,$$

donc

$$u_1 - h\lambda = v^{\frac{1}{2}}(u - h\lambda)v^{-\frac{1}{2}} = v^{\frac{1}{2}}uv^{-\frac{1}{2}} - h\lambda,$$

c'est-à-dire

$$u_1 = v^{\frac{1}{2}}uv^{-\frac{1}{2}},$$

formule due à Hamilton.

Il s'agit maintenant d'effectuer les calculs pour en dégager les valeurs de x_1, y_1, z_1. On a successivement

$$v^{\frac{1}{2}}u = \left(\cos\frac{\theta}{2} + \lambda\sin\frac{\theta}{2}\right)u = u\cos\frac{\theta}{2} + \lambda u\sin\frac{\theta}{2},$$

donc

$$v^{\frac{1}{2}}uv^{-\frac{1}{2}} = \left(u\cos\frac{\theta}{2} + \lambda u\sin\frac{\theta}{2}\right)\left(\cos\frac{\theta}{2} - \lambda\sin\frac{\theta}{2}\right)$$

$$= u\cos^2\frac{\theta}{2} + (\lambda u - u\lambda)\sin\frac{\theta}{2}\cos\frac{\theta}{2} - \lambda u\lambda\sin^2\frac{\theta}{2};$$

or,

$$\lambda u - u\lambda = 2\,\mathrm{V}(\lambda u),$$
$$\lambda u\lambda = \mathrm{V}\lambda u\lambda = 2\lambda\,\mathrm{S}(u\lambda) + u,$$

car

$$\mathrm{S}\lambda u\lambda = 0 \qquad \text{et} \qquad \mathrm{S}\lambda^2 = -1,$$

ce qui donne

$$v^{\frac{1}{2}}uv^{-\frac{1}{2}} = u\cos^2\frac{\theta}{2} + \mathrm{V}(\lambda u)\sin\theta - [2\lambda\,\mathrm{S}(u\lambda) + u]\sin^2\frac{\theta}{2}.$$

Mais

$$\mathrm{V}(\lambda u) = i(bz - cy) + j(cx - az) + k(ay - bx),$$
$$\mathrm{S}(\lambda u) = -(ax + by + cz).$$

On a ainsi

$$ix_1 + jy_1 + kz_1 = (ix + jy + kz)\cos\theta$$
$$+ [i(bz - cy) + j(cx - az) + k(ay - bx)]\sin\theta$$
$$+ 2(ia + jb + kc)(ax + by + cz)\sin^2\frac{\theta}{2},$$

et enfin, en égalant de part et d'autre les coefficients de i, j, k, on obtient les formules que nous avions en vue :

$$x_1 = x \cos\theta + (b\,z - c\,y)\sin\theta + 2\,a \sin^2\frac{\theta}{2}(ax + by + cz),$$

$$y_1 = y \cos\theta + (c\,x - a\,z)\sin\theta + 2\,b \sin^2\frac{\theta}{2}(ax + by + cz),$$

$$z_1 = z \cos\theta - (a\,y + b\,x)\sin\theta + 2\,c \sin^2\frac{\theta}{2}(ax + by + cz).$$

36. Application aux rotations infiniment petites. — Soit ρ un vecteur fonction d'un paramètre t. La dérivée ρ', par rapport à t, représente la vitesse du point $M(\rho)$ si t est le temps. On peut donc poser

$$\bar{v} = \rho'_t,$$

et pareillement $\bar{\gamma}$ désignant le vecteur accélération

$$\bar{\gamma} = \rho''_t,$$

et, en effet,

$$\rho''_t = i x'' + j y'' + k z''.$$

37. Vitesse de rotation. — Soit OR l'axe de rotation; soient λ le vecteur-unité dirigé suivant OR et θ l'angle de rotation.

En appliquant la formule d'Hamilton du n° 35, si u représente le vecteur OM, et si l'on pose

$$v = \cos\theta + \lambda \sin\theta,$$

on aura

$$u_1 = u + \Delta u = \left(\cos\frac{\theta}{2} + \lambda \sin\frac{\theta}{2}\right) u \left(\cos\frac{\theta}{2} - \lambda \sin\frac{\theta}{2}\right);$$

en supposant θ infiniment petit, nous poserons $\theta = d\varphi$ et nous remplacerons $\cos\frac{\theta}{2}$ par 1 et $\sin\frac{\theta}{2}$ par $\frac{d\varphi}{2}$; nous aurons ainsi

$$u + du = \left(1 + \frac{1}{2}\lambda\,d\varphi\right) u \left(1 - \frac{1}{2}\lambda\,d\varphi\right)$$

$$= u + \frac{1}{2}d\varphi\,\lambda u - \frac{1}{2}d\varphi\,u\lambda.$$

Aux infiniment petits du second ordre près, on en tire

$$du = \frac{1}{2}d\varphi(\lambda u - u\lambda),$$

donc

$$du = d\varphi\, \mathrm{V}(\lambda\, u).$$

Si l'on pose

$$\lambda\, \frac{d\varphi}{dt} = \omega,$$

on peut écrire

$$\frac{du}{dt} = \mathrm{V}(\omega\, u).$$

Posons

$$\omega = i\,p + j\,q + k\,r,$$
$$u = i\,x + j\,y + k\,z,$$

on en déduit

$$\mathrm{V}(\omega\, u) = i(q\,z - r\,y) + j(r\,x - p\,z) + k(p\,y - q\,x).$$

Si l'on représente par v_x, v_y, v_z les composantes de la vitesse suivant les axes, on a donc

$$v_x = q\,z - r\,y,$$
$$v_y = r\,x - p\,z,$$
$$v_z = p\,y - q\,x.$$

38. Remarque. — *Puissances d'un produit de vecteurs.* — Soient α, β deux vecteurs. Pour trouver le carré de $\alpha\,.\,\beta$ il faut effectuer le produit $\alpha\beta\alpha\beta$ ou bien calculer en premier lieu $\alpha\beta$ et faire le carré du résultat. Mais il importe de remarquer que $(\alpha\beta)^2$ n'est pas égal à $\alpha^2\beta^2$. D'ailleurs, $\alpha\beta$ est un quaternion dont le carré est un nouveau quaternion, α^2 et β^2 sont des scalaires, $\alpha^2\beta^2$ est donc aussi un scalaire.

Supposons par exemple

$$\alpha = ir, \qquad \beta = r'(i\cos\theta + j\sin\theta),$$

alors

$$\alpha\beta = rr'(-\cos\theta + k\sin\theta),$$

et

$$(\alpha\beta)^2 = r^2 r'^2(\cos 2\theta - k\sin^2\theta)$$

et

$$\alpha^2\beta^2 = r^2 r'^2;$$

d'autre part,

$$\alpha\beta\alpha = r^2 r'(-i\cos\theta + j\sin\theta),$$

donc

$$\alpha\beta\alpha\beta = r^2 r'(-i\cos\theta + j\sin\theta)\,r'(i\cos\theta + j\sin\theta)$$
$$= r^2 r'^2(\cos 2\theta - k\sin 2\theta).$$

Mais

$$\alpha\beta\beta\alpha = \alpha^2\beta^2.$$

On traitera de la même façon une puissance d'un produit d'un nombre quelconque de vecteurs en procédant de proche en proche.

QUOTIENT DE QUATERNIONS.

39. Inverse d'un quaternion. — Cherchons en premier lieu l'inverse d'un quaternion.

Nous avons vu que

$$q \cdot \mathrm{K}q = (\mathrm{T}q)^2$$

ou

$$q \frac{\mathrm{K}q}{\mathrm{T}q^2} = 1.$$

On peut donc dire que $\frac{\mathrm{K}q}{\mathrm{T}q^2}$ est l'inverse de q, et poser

$$q^{-1} = \frac{\mathrm{K}q}{\mathrm{T}q^2}.$$

Si q est réduit à un vecteur α, on a $\mathrm{K}\alpha = -\alpha$, et par suite,

$$\alpha^{-1} = \frac{-\alpha}{(\mathrm{T}\alpha)^2}.$$

40. Soit maintenant à chercher le quotient du vecteur α par le vecteur β. Nous désignerons ce quotient par q et nous le déterminerons par l'égalité

$$\alpha = \beta \times q,$$

on doit donc avoir

$$\beta^{-1}\alpha = \beta^{-1}\beta q,$$

c'est-à-dire

$$q = \beta^{-1}\alpha,$$

q doit donc être un quaternion, et l'on a bien

$$\beta \times \beta^{-1}\alpha = \alpha.$$

Pareillement

$$\alpha \times \alpha^{-1}\beta = \beta,$$

donc, on peut écrire

$$\frac{\alpha}{\beta} = \beta^{-1}\alpha$$

et

$$\frac{\beta}{\alpha} = \alpha^{-1}\beta.$$

Si $T\alpha = T\beta$, on aura $T\dfrac{\alpha}{\beta} = 1$ et $T\dfrac{\beta}{\alpha} = 1$.

En effet,

$$T\beta^{-1} = \frac{1}{T\beta},$$

donc

$$T\frac{\alpha}{\beta} = \frac{T\alpha}{T\beta},$$

et de même

$$T\frac{\beta}{\alpha} = \frac{T\beta}{T\alpha}.$$

Dans ce cas, $\dfrac{\alpha}{\beta}$ et $\dfrac{\beta}{\alpha}$ sont des verseurs.

Dans ce qui va suivre, nous supposerons que les vecteurs considérés ont tous le même tenseur, que nous prendrons égal à 1.

Prenons comme exemple

$$\alpha = i, \qquad \beta = i\cos\theta + j\sin\theta,$$

nous aurons

$$\beta^{-1} = -\,(i\cos\theta + j\sin\theta)$$

et

$$\beta^{-1}\alpha = \cos\theta + k\sin\theta.$$

41. Corollaire. — Soient α, β, γ trois vecteurs. On a

$$\frac{\alpha}{\beta} \times \frac{\gamma}{\alpha} = \frac{\gamma}{\beta};$$

en effet,

$$\frac{\alpha}{\beta} = \beta^{-1}\alpha, \qquad \frac{\gamma}{\alpha} = \alpha^{-1}\gamma,$$

donc

$$\frac{\alpha}{\beta} \times \frac{\gamma}{\alpha} = \beta^{-1}\alpha\,\alpha^{-1}\gamma = \beta^{-1}\gamma = \frac{\gamma}{\beta}.$$

Vérification. — Supposons que ABC soit le triangle trirectangle dont les sommets soient les points où Ox, Oy, Oz percent la sphère de centre O et de rayon 1.

On doit avoir

$$\frac{i}{j} \times \frac{k}{i} = \frac{k}{j}$$

et, en effet,

$$\frac{i}{j} = -ji = k,$$

$$\frac{k}{i} = -ik = j,$$

$$\frac{k}{j} = -jk = -i$$

et l'on a bien

$$kj = -i.$$

On représente un verseur par un arc de grand cercle tracé sur la sphère de rayon 1. A étant l'extrémité du rayon OA qui correspond au vecteur α, et B celle du rayon OB qui correspond au vecteur β, nous poserons

$$\frac{\alpha}{\beta} = \beta^{-1}\alpha = (AB).$$

42. Cela étant, considérons le triangle sphérique ABC; A, B, C étant les extrémités des vecteurs-unités α, β, γ. L'égalité

$$\frac{\alpha}{\beta} \times \frac{\gamma}{\alpha} = \frac{\gamma}{\beta}$$

peut s'écrire

$$(AB) \times (CA) = (CB),$$

on aurait de même

$$(BA) \times (CB) = (CA).$$

Soit M le milieu de l'arc AB. Nous pouvons supposer que le vecteur μ correspond au rayon OM et écrire, par suite,

$$\frac{\mu}{\beta} \times \frac{\alpha}{\mu} = \frac{\alpha}{\beta}$$

ou

$$(MB)(AM) = (AB).$$

Mais

$$(MB) = (AM),$$

donc

$$(MB) = (AM) = (AB)^{\frac{1}{2}} = \left(\frac{\alpha}{\beta}\right)^{\frac{1}{2}}.$$

43. Hamilton a construit un verseur dont l'angle est égal à l'excès sphérique d'un triangle tracé sur une sphère de rayon 1. Pour établir cette curieuse construction, nous rappellerons d'abord une propriété des triangles sphériques.

Soit ABC (fig. 2) un triangle sphérique et soit C′ le symétrique du sommet C sur la sphère, c'est-à-dire le second point de rencontre des côtés CA, CB, et supposons que P soit pôle du cercle circonscrit au

Fig. 2.

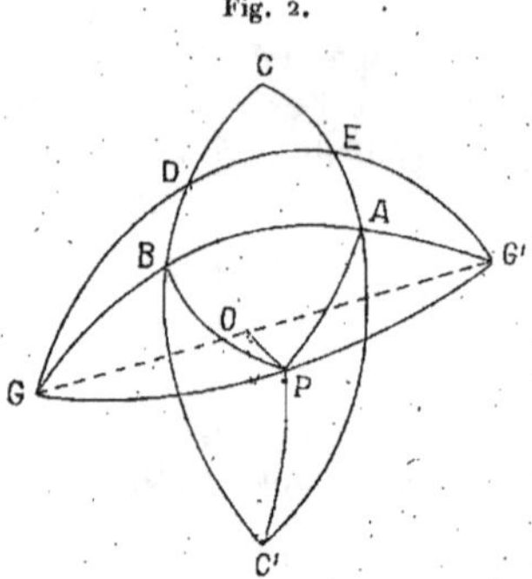

triangle ABC; je dis que P est aussi pôle du grand cercle passant par les milieux D, E des côtés CB, CA.

En effet, le rayon OP est dans le plan perpendiculaire au milieu de la corde $\overline{AC'}$, puisque $\overline{PA} = \overline{PC'}$; le rayon $\overline{OE}$ est perpendiculaire au milieu de la corde $\overline{AC}$ et, par suite, parallèle à la corde $\overline{AC'}$, donc perpendiculaire au rayon OP. On a donc $\widehat{PE} = \frac{\pi}{2}$. On voit de même que $\widehat{PD} = \frac{\pi}{2}$, donc P est pôle de l'arc de grand cercle DE.

Désignons maintenant par λ les angles à la base du triangle isoscèle PAB, par μ ceux de PAC' et par ν ceux de PAB', et soient A, B, C les angles du triangle ABC. On a

$$A = \pi - \lambda - \mu,$$
$$B = \pi - \lambda - \nu,$$
$$C = \mu + \nu,$$

d'où

$$A + B + C = 2\pi - 2\lambda$$

et, par suite,

$$A + B + C - \pi = \pi - 2\lambda.$$

Si donc on désigne l'excès sphérique du triangle ABC par σ, on a

$$\lambda = \frac{\pi}{2} - \frac{\sigma}{2}.$$

Soient maintenant G, G' les points communs aux deux grands

cercles AB, DE, et considérons le grand cercle CPG'. Le point P

étant pôle du grand cercle DE, on a $\overset{\frown}{PG} = \overset{\frown}{PG'} = \frac{\pi}{2}$; donc P est le

milieu de l'arc GPP'. Soit F le point de rencontre du grand cercle $\overset{\frown}{AB}$ et du grand cercle de pôle G situé sur l'arc GBAG'. Ces deux grands cercles se coupent à angle droit, F est donc le milieu de l'arc GFG'.

Mais $\overset{\frown}{PA} = \overset{\frown}{PB}$, ce qui prouve que F est aussi le milieu de l'arc AB. On voit ainsi que chacun des points G, G' est à 90° du milieu F de l'arc AB.

44. Nous pouvons maintenant trouver une représentation de l'excès sphérique σ du triangle ABC. Conservons les mêmes notations et supposons le rayon OF perpendiculaire au plan de la figure (*fig*. 3).

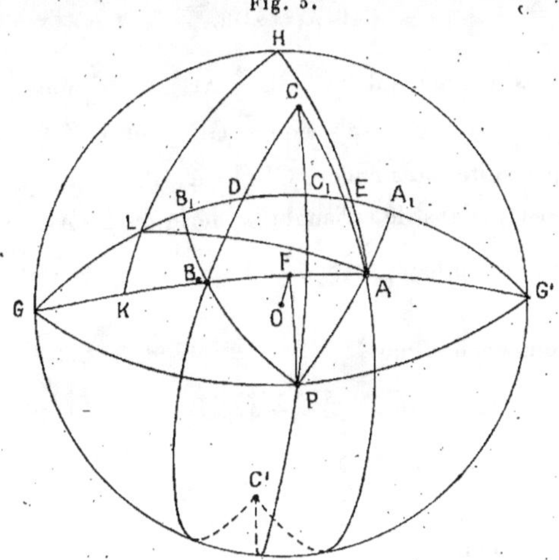

Fig. 3.

Le grand cercle de pôle F est alors dans le plan de la figure, le milieu H de l'arc de grand cercle GHG' est le pôle du grand cercle AB et $\overset{\frown}{HA} = \frac{\pi}{2}$.

De A comme pôle, décrivons le grand cercle HLK qui coupe $\overset{\frown}{GFG'}$ en K et GDEG' en L. De $GF = KA = \frac{\pi}{2}$, il résulte que $\overset{\frown}{GK} = \overset{\frown}{FA} = \overset{\frown}{BF}$.

Je dis que $\overset{\frown}{GL} = \overset{\frown}{DE}$.

Pour le prouver, traçons les arcs de grands cercles $\overset{\frown}{PA}$, $\overset{\frown}{PB}$, $\overset{\frown}{CPG'}$ qui rencontrent $\overset{\frown}{GDEG'}$ en A_1, B_1, C_1 ; on a

$$\overset{\frown}{AA_1} = \overset{\frown}{BB_1} = \overset{\frown}{CC_1},$$

car ces arcs valent respectivement

$$\frac{\pi}{2} - \overset{\frown}{PA}, \qquad \frac{\pi}{2} - \overset{\frown}{PB}, \qquad \pi - \overset{\frown}{C_1\,PC'} = \pi - \frac{\pi}{2} - \overset{\frown}{PC'} = \frac{\pi}{2} - \overset{\frown}{PC'},$$

or, $\overset{\frown}{PA} = \overset{\frown}{PB} = \overset{\frown}{PC'}$.

Il résulte de là que les triangles sphériques rectangles $A_1\,AE$ et $C_1\,CE$ sont symétriques, d'où $\overset{\frown}{C_1\,E} = \overset{\frown}{EA_1}$, et pareillement $\overset{\frown}{B_1\,D} = \overset{\frown}{DC_1}$. De ces deux égalités, on tire

$$\overset{\frown}{B_1\,A_1} = 2\,\overset{\frown}{DE}.$$

Remarquons maintenant que $\overset{\frown}{GB} = \overset{\frown}{AG'}$, et comme on a aussi $\overset{\frown}{BB_1} = \overset{\frown}{AA_1}$, les triangles sphériques GBB_1 et $G'AA_1$ sont symétriques, et par suite, on a encore $\overset{\frown}{GB_1} = \overset{\frown}{A_1\,G'}$.

D'autre part, dans le triangle sphérique LAA_1, $\overset{\frown}{LA} = \frac{\pi}{2}$ et l'angle $A_1 = \frac{\pi}{2}$, d'ailleurs $\overset{\frown}{AA_1} \neq \frac{\pi}{2}$, donc $\overset{\frown}{LA_1} = \frac{\pi}{2}$, et l'angle $\widehat{LAA_1}$ est droit.

Remarquons encore que

$$\overset{\frown}{GB_1} + \overset{\frown}{B_1\,A_1} + \overset{\frown}{A_1\,G'} = \pi,$$

ce qu'on peut écrire ainsi :

$$2\,\overset{\frown}{GB_1} + 2\,\overset{\frown}{DE} = \pi$$

ou, plus simplement,

$$\overset{\frown}{GB_1} + \overset{\frown}{DE} = \frac{\pi}{2}\,!$$

Or à cause de $\overset{\frown}{LA_1} = \frac{\pi}{2}$, on a

$$\overset{\frown}{GL} + \overset{\frown}{A_1\,G'} = \frac{\pi}{2},$$

mais $\overset{\frown}{A_1\,G'} = \overset{\frown}{GB_1}$, donc

$$\overset{\frown}{GL} + \overset{\frown}{GB_1} = \frac{\pi}{2},$$

ce qui entraîne

$$\widehat{GL} = \widehat{DE}.$$

Cela posé, les angles $\widehat{LAA_1}$ ou $\widehat{LAP}$ et $\widehat{HAG}$ étant droits, on en déduit

$$\widehat{HAL} = \widehat{BAP} = \frac{\pi}{2} - \frac{\sigma}{2}.$$

On peut prendre pour mesure de l'angle $\widehat{HAL}$ la mesure de l'arc de grand cercle $\widehat{HL}$, et par suite,

$$\widehat{HL} = \frac{\pi}{2} - \frac{\sigma}{2},$$

σ désignant toujours l'excès sphérique du triangle ABC.

$\widehat{HL}$ ou (HL) est un verseur dont l'axe est le vecteur α, dirigé suivant OA, et l'angle $\frac{\pi}{2} - \frac{\sigma}{2}$, de telle sorte que

$$(HL) = \sin \frac{\sigma}{2} + a \cos \frac{\pi}{2}.$$

On a ensuite

$$\widehat{LK} = \frac{\sigma}{2},$$

son axe est $- a$, et

$$(LK) = \cos \frac{\sigma}{2} - a \sin \frac{\sigma}{2},$$

d'où il résulte que

$$(HL)^2 + (LK)^2 = 0.$$

Remarquons maintenant que

$$(HL) = (GL)(HG);$$

donc si l'on appelle δ, ε, φ les vecteurs OD, OE, OF, on a

$$(GL) = (DE) = \varepsilon^{-1} \delta$$

et

$$(HG) = - \varphi,$$

donc le verseur (HL) a pour valeur

$$- \varepsilon^{-1} \delta \varphi$$

ou, plus simplement,

$$\varepsilon \, \delta \varphi,$$

car

$$- \varepsilon^{-1} = \varepsilon.$$

On peut également calculer (LK), car

$$(LK) = (GK)(LG);$$

appelons α, β, γ les vecteurs $\overline{OA}$, $\overline{OB}$, $\overline{OC}$, on a

$$(GK) = (BF) = \left(\frac{\alpha}{\beta}\right)^{\frac{1}{2}},$$

$$(LG) = (ED) = (CD)(EC) = \left(\frac{\beta}{\gamma}\right)^{\frac{1}{2}}\left(\frac{\gamma}{\alpha}\right)^{\frac{1}{2}},$$

donc

$$(LK) = \left(\frac{\alpha}{\beta}\right)^{\frac{1}{2}}\left(\frac{\beta}{\gamma}\right)^{\frac{1}{2}}\left(\frac{\gamma}{\alpha}\right)^{\frac{1}{2}}.$$

44 *bis*. Résolution d'une équation vectorielle du premier degré. — Nous allons traiter le problème suivant.

Étant donnés deux vecteurs α, β, trouver le vecteur symétrique de β par rapport à la droite qui porte α. Soit γ le vecteur cherché. On a

$$\gamma\alpha = \alpha\beta;$$

en effet, les longueurs des vecteurs β et γ sont égales, et en outre, il y a égalité des angles (γ, α) et (α, β) en sens aussi bien qu'en grandeur. Il s'agit de résoudre l'équation précédente. Or, il suffit de multiplier les deux membres par α^{-1}, ce qui donne immédiatement

$$\gamma = \alpha\beta\alpha^{-1}.$$

Vérification. — Supposons

$$\alpha = ir, \qquad \beta = r'(i\cos\theta + j\sin\theta),$$

on aura

$$\alpha\beta = rr'(-\cos\theta + k\sin\theta)$$

et

$$\alpha\beta\alpha^{-1} = rr'(-\cos\theta + k\sin\theta)\left(\frac{-i}{r}\right) = r'(i\cos\theta - j\sin\theta),$$

on trouve bien ainsi le vecteur symétrique de β par rapport à l'axe Ox qui porte α.

45. Application. — Considérons un triangle isoscèle OAB ; posons $\overline{OA} = \rho_1$, $\overline{OC} = \alpha$, $\overline{OC}$ étant équipollent à $\overline{AB}$.

Il s'agit de calculer $\overline{OB} = \rho_2$.

Considérons le vecteur α équipollent à AB, et mené par l'origine, le vecteur

$$\alpha \rho_1 \alpha^{-1}$$

est le symétrique de $\overline{OA}$ par rapport au vecteur α; il est clair que le vecteur cherché lui est opposé, donc

$$\rho_2 = -\alpha \rho_1 \alpha^{-1}.$$

Autrement. On reconnaît que

$$\rho_2 \alpha = -\alpha \rho_1,$$

d'où en multipliant par α^{-1}

$$\rho_2 = -\alpha \rho_1 \alpha^{-1}.$$

46. Remarque. — On peut remarquer que

$$\alpha \beta \alpha^{-1} = \alpha^{-1} \beta \alpha.$$

En effet, si l'on multiplie par α, on obtient

$$\alpha \beta = \alpha^{-1} \beta \alpha^2,$$

et en multipliant *à gauche* par α, c'est-à-dire en multipliant α par chacun des deux membres, on trouve

$$\alpha^2 \beta = \beta \alpha^2.$$

C'est d'ailleurs immédiatement vérifié si l'on pose

$$\alpha = ir, \qquad \beta = r'(i \cos\theta + j \sin\theta),$$

et remarquant que

$$\alpha^{-1} = \frac{-i}{r}.$$

47. Application. — *Inscrire dans une sphère un polygone* $A_1 A_2 \ldots A_n$ *dont les côtés aient des directions données.* Soient

$$\alpha_1, \quad \alpha_2, \quad \ldots, \quad \alpha_n$$

les vecteurs donnant les directions des côtés,

$$\rho_1, \quad \rho_2, \quad \ldots, \quad \rho_n,$$

les vecteurs

$$OA_1, \quad OA_2, \quad \ldots, \quad OA_n.$$

On aura

$$\rho_2 = -\,\alpha_1 \rho_1 \alpha_1^{-1},$$
$$\rho_3 = -\,\alpha_2 \rho_2 \alpha_2^{-1},$$
$$\cdots\cdots\cdots\cdots,$$
$$\rho_n = -\,\alpha_{n-1} \rho_{n-1} \alpha_{n-1}^{-1},$$
$$\rho_1 = -\,\alpha_n \quad \rho_n \quad \alpha_n^{-1}.$$

On en tire

$$\rho_3 = \alpha_2 \alpha_1 \rho_1 \alpha_1^{-1} \alpha_2^{-1},$$
$$\rho_4 = -\,\alpha_3 \alpha_2 \alpha_1 \rho_1 \alpha_1^{-1} \alpha_2^{-1} \alpha_3^{-1},$$

et ainsi de suite. On arrive à

$$\rho_n = (-\,1)^{n-1} \alpha_{n-1} \alpha_{n-2} \ldots \alpha_2 \alpha_1 \rho_1 \alpha_1^{-1} \alpha_2^{-1} \ldots \alpha_{n-1}^{-1},$$

une opération de plus doit ramener au point A_1, donc

$$\rho_1 = (-\,1)^{n} \alpha_n \alpha_{n-1} \ldots \alpha_2 \alpha_1 \rho_1 \alpha_1^{-1} \alpha_2^{-1} \ldots \alpha_n^{-1}.$$

Posons

$$q = \alpha_n \alpha_{n-1} \ldots \alpha_2 \alpha_1,$$

et par suite,

$$q^{-1} = \alpha_1^{-1} \alpha_n^{-1} \ldots \alpha_{n-1}^{-1} \alpha_n^{-1},$$

ce qui permet d'écrire

$$\rho_1 = (-\,1)^{n} q \,\rho_1\, q^{-1}.$$

Il faut distinguer deux cas :

1° n est pair. Alors

$$\rho_1 = q \,\rho_1\, q^{-1},$$

d'où

$$\rho_1 q = q \,\rho_1,$$

donc, puisque $\rho_1 q$ et $q \rho_1$ ont le même scalaire,

$$V \rho_1 q = V q \rho_1,$$

et cela ne peut arriver que si ρ_1 a la même direction que $V q$ ou $- V q$.

On peut encore raisonner ainsi : Posons

$$S q = a, \qquad V q = r,$$

et par suite,

$$q = a + r.$$

On doit donc avoir

$$\rho_1 a + \rho_1 r = a \rho_1 + r \rho_1,$$

ce qui se réduit à

$$r \rho_1 - \rho_1 r = 0,$$

et par suite,

$$V r \rho_1 = 0,$$

d'où

$$\rho_1 = x r.$$

2° n est impair. On doit alors poser

$$\rho_1 = - q \rho_1 q^{-1},$$

d'où

$$\rho_1 q = - q \rho_1,$$

c'est-à-dire

$$\rho_1 q + q \rho_1 = 0,$$

et en gardant les mêmes notations que dans le premier cas

$$2 a \rho_1 + 2 S r \rho_1 = 0,$$

ce qui exige $a = 0$, par suite $q = r$ et $S r \rho_1 = 0$.

Le problème n'est donc possible que si q est un vecteur r, et s'il en est ainsi, il a une infinité de solutions, le rayon OA_1 est l'un quelconque des rayons du grand cercle perpendiculaire au vecteur r.

48. Cas particulier. — Supposons $n = 3$ et soit ABC un triangle inscrit à la sphère; α, β, γ désignant les vecteurs parallèles à AB, BC, CA. D'après ce qui précède, le produit $\alpha\beta\gamma$ est un vecteur parallèle au plan ABC (22) et perpendiculaire à OA; donc parallèle à la tangente en A au cercle ABC.

Soit $n = 4$ et soit ABCD un quadrilatère inscrit à la sphère. Si α, β, γ, δ désignent des vecteurs respectivement parallèles à AB, BC, CD, DA, le rayon OA est parallèle à $V\alpha\beta\gamma\delta$.

CHAPITRE II.

---

49. Équation d'une ligne droite. — *Premier cas.* — La droite passe par l'origine des coordonnées.

Si α est un vecteur quelconque porté par cette droite et si ρ est un vecteur porté par la même droite, on a

$$\rho = x\alpha,$$

x étant un scalaire, et réciproquement si x varie, le point M extrémité du vecteur ρ décrit la droite qui porte le vecteur α.

On peut donner d'autres formes à cette équation. Pour exprimer que ρ et α sont portés par une même droite, on peut poser

$$V\alpha\rho = o .$$

ou encore

$$U\rho = U\alpha.$$

Deuxième cas. — Considérons une droite AB, passant par le point (x_0, y_0, z_0) et parallèle à la droite OD menée par l'origine des coordonnées et passant par le point (a, b, c). Cette droite sera définie par les équations

$$x = x_0 + a\lambda, \qquad y = y_0 + b\lambda, \qquad z = z_0 + c\lambda.$$

Supposons les axes rectangulaires et posons

$$\alpha = ix_0 + jy_0 + kz_0,$$
$$\beta = ia + jb + kc,$$
$$\rho = ix + jy + kz,$$

on aura, pour un point quelconque ρ de cette droite,

$$\rho = \alpha + \lambda\beta.$$

On peut aussi remarquer que si B est le point (x_0, y_0, z_0), si l'on

Fig. 4.

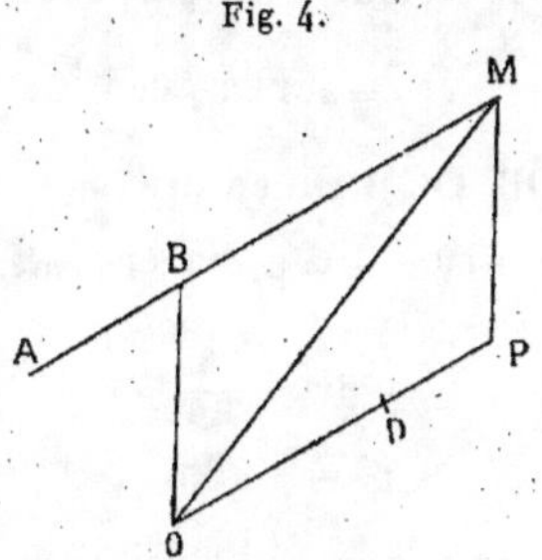

prend sur OD le vecteur OP équipollent à BM, on a

$$OP = \lambda\, OD, \qquad \overline{OM} = \overline{OB} + \overline{OP}.$$

50. Équation de la droite passant par deux points donnés. — Soient A_1, A_2 les points donnés que nous pouvons définir par les vecteurs α_1, α_2 ayant ces points pour extrémités. La droite demandée est la droite $A_1 A_2$, elle est parallèle au vecteur $\alpha_2 - \alpha_1$; l'équation de cette droite est donc de la forme

$$\rho = \alpha_1 + x(\alpha_2 - \alpha_1)$$

ou

$$\rho = (1 - x)\alpha_1 + x\alpha_2.$$

51. On arrive au même résultat en résolvant le problème suivant :

Étant donnés deux points $A(\rho_1)$, $B(\rho_2)$, *trouver le point* $M(\rho)$ *qui partage le segment AB dans un rapport donné.*

Nous poserons

$$\overline{AM} = m\,\overline{MB},$$

d'où

$$\rho - \rho_1 = m(\rho_2 - \rho),$$

ce qui donne

$$\rho = \frac{\rho_1 + m\rho_2}{1 + m}.$$

Si m est un paramètre variable, l'équation précédente est celle de la droite AB.

52. Distance d'un point à une droite. — Soient β, γ deux vecteurs OB, OC, si δ est le vecteur-unité perpendiculaire au plan OBC, on a

$$V\beta\gamma = \delta . T\beta T\gamma \sin\theta,$$

θ désignant l'angle (OB, OC). On en tire

$$-\beta^{-1}V\beta\gamma = -\beta^{-1}\delta T\beta T\gamma \sin\theta.$$

Mais

$$-\beta^{-1} = \frac{\beta}{T\beta^2},$$

$$\beta\delta = -\varepsilon T\beta,$$

ε désignant le vecteur-unité perpendiculaire à β et δ. On a enfin

$$-\beta^{-1}V\beta\gamma = \varepsilon d,$$

d étant la distance demandée.

Le produit

$$-\beta^{-1}V\beta\gamma$$

donne donc en grandeur et direction la distance du point γ au vecteur β; la longueur de cette distance est

$$T\beta^{-1}V\beta\gamma$$

ou

$$TVU\beta.\gamma,$$

car

$$T\beta^{-1} = \frac{1}{T\beta}.$$

53. On peut vérifier ces résultats en prenant des axes particuliers. Supposons donc

$$\beta = ib,$$

$$\gamma = c(i\cos\theta + j\sin\theta).$$

On a

$$V\beta\gamma = k.bc\sin\theta;$$

or,

$$\beta^{-1} = -\frac{i}{b},$$

donc

$$-\beta^{-1}V\beta\gamma = -jc\sin\theta$$

et

$$VU\beta.\gamma = kc\sin\theta,$$

donc

$$T(VU\beta.\gamma) = c\sin\theta.$$

Cela étant, soient

$$\rho = \alpha + x\beta$$

l'équation d'une droite et ρ un point M, il s'agit d'avoir la distance de M à cette droite ; $\rho - \alpha$ représente le vecteur AM, A étant l'extrémité du vecteur α. Il en résulte que la distance de M à la droite considérée a pour mesure

$$TVU\beta.(\rho - \alpha).$$

54. Applications. — 1° Considérons un triangle OAB et posons

$$\overline{OA} = \alpha, \qquad \overline{OB} = \beta.$$

La perpendiculaire abaissée de B sur OA a pour équation

$$\rho = \beta + x\,\alpha^{-1}\,V\alpha\beta ;$$

la perpendiculaire abaissée de A sur OB a pour équation

$$\rho = \alpha + y\,\beta^{-1}\,V\alpha\beta.$$

Le point H commun à ces deux hauteurs vérifie l'équation

$$\rho(\alpha - \beta) = (x - y)V\alpha\beta,$$

le second membre est un vecteur, donc

$$S(\alpha - \beta)\rho = 0,$$

ce qui prouve que OH est perpendiculaire à AB. On retrouve ce théorème : les trois hauteurs d'un triangle sont concourantes.

2° *Lieu des points équidistants de deux droites non situées dans un même plan.* — Prenons pour axe des z la perpendiculaire commune à ces droites, l'origine étant le milieu de la plus courte distance, soient

$$\rho = \alpha + \lambda\beta, \qquad \rho = -\alpha + \mu\gamma$$

les équations de ces droites.

Soit ρ un point M équidistant de ces droites, on doit poser

$$T[VU\beta(\rho - \alpha)] = T[VU\gamma(\rho + \alpha)].$$

Pour achever le calcul, supposons que Ox et Oy soient les bissectrices des vecteurs β et γ.

Nous aurons, en posant

$$\rho = ix + jy + kz,$$
$$\alpha = kh,$$
$$\beta = i\cos\theta + j\sin\theta,$$
$$\gamma = i\cos\theta - j\sin\theta,$$

les équations

$$\rho - \alpha = ix + jy + k(z - h),$$
$$\rho + \alpha = ix + jy + k(z + h),$$

d'où

$$\mathrm{VU}\,\beta(\rho - \alpha) = i(z - h)\cos\theta + j(z - h)\cos\theta + k(y\cos\theta - x\sin\theta),$$

et par suite,

$$\mathrm{T}^2\mathrm{U}\,\beta(\rho - \alpha) = (z - h)^2 + (y\cos\theta - x\sin\theta)^2,$$

et l'on aura pareillement

$$\mathrm{T}^2\mathrm{U}\,\beta(\rho + \alpha) = (z + h)^2 + (y\cos\theta + x\sin\theta)^2;$$

en écrivant que ces deux quantités sont égales, et simplifiant, on obtient l'équation du lieu

$$xy\sin 2\theta + 2hz = 0.$$

Le lieu est donc un paraboloïde hyperbolique.

55. **Équation normale d'une droite.** — Soit p le vecteur normal à une droite AB.

Supposons que l'on connaisse un point A (α) de cette droite et soit un point M quelconque de la même droite, si le vecteur correspondant est désigné par ρ, le vecteur $\overline{\mathrm{AM}}$ ou $\rho - \alpha$ est perpendiculaire au vecteur p. On a donc

$$\mathrm{S}p(\rho - \alpha) = 0,$$

et par suite, l'équation de la droite est

$$\mathrm{S}p\rho = \mathrm{S}p\alpha.$$

L'équation d'une droite quelconque peut donc s'écrire

$$\mathrm{S}p\rho = a,$$

a étant un nombre constant.

En particulier, on peut remarquer que la distance de l'origine à la droite a pour valeur Tp ; on peut supposer $\alpha = p$ et l'équation dè cette droite devient

$$S\, p\rho = p^2 = -\,(T\,p)^2.$$

Cette équation est équivalente à l'équation normale de la droite, en coordonnées cartésiennes. Supposons

$$p = ia + jb,$$
$$\rho = ix + jy.$$

Si l'on pose $Tp = h$, l'équation

$$S\, p\rho = -\,h^2$$

peut s'écrire

$$ax + by = h^2$$

ou

$$x\,\frac{a}{h} + y\,\frac{b}{h} = h :$$

mais si p fait avec les axes les angles α, β, on a

$$\frac{a}{h} = \cos\theta, \qquad \frac{b}{h} = \sin\theta$$

et l'équation de la droite devient

$$x \cos\theta + y \sin\theta = h,$$

56. Distance d'un point à une droite. — La droite a pour équation

$$S p\rho = -\,h^2.$$

Par le point donné ρ_1, faisons passer une droite parallèle à la première, son équation sera

$$S p(\rho - \rho_1) = o.$$

La distance de l'origine à cette droite s'obtiendra en posant $\rho = \lambda p$, ce qui donne

$$\lambda p^2 = S p\rho_1$$

ou

$$-\lambda h^2 = S p\rho_1.$$

La distance du point ρ_1 à la première droite est

$$(1 - \lambda)h$$

ou

$$h - \frac{S p \rho_1}{h},$$

ce qui donnera

$$h - x_1 \cos\theta - y_1 \sin\theta.$$

57. Intersection de deux droites. — Soient p et q les vecteurs-unités perpendiculaires aux deux droites données dans un même plan. Les équations de ces droites peuvent se mettre sous la forme

$$S p \rho = a,$$
$$S q \rho = b,$$

a et b étant deux constantes scalaires.

Le vecteur ρ du point commun aux deux droites peut s'exprimer en fonction de p et q, en posant

$$\rho = x p + y q,$$

x et y étant deux scalaires. On en tire

$$p \rho = - x + y p q,$$
$$q \rho = x p q - y,$$

puisque

$$p^2 = -1, \qquad q^2 = -1.$$

On a, par suite,

$$S p \rho = - x + y \, S p q = - x - y \cos\theta,$$
$$S q \rho = x \, S p q - y = - x \cos\theta - y,$$

θ étant l'angle (Op, Oq). On a donc à résoudre le système

$$x + y \cos\theta = - a,$$
$$x \cos\theta + y = - b.$$

On aurait une solution analogue en employant des coordonnées rectilignes.

58. Autre solution. — Supposons les équations des deux droites sous la forme

$$\rho = \alpha + x \, \beta,$$
$$\rho = \alpha' + x' \beta',$$

α, β, α', β' étant des vecteurs donnés dans un même plan. Si les droites se rencontrent, on aura pour des valeurs convenables de x et de y

$$\alpha + x\beta = \alpha' + x'\beta',$$

c'est-à-dire

$$x\beta - x'\beta' = \alpha' - \alpha.$$

Or, $\alpha' - \alpha$ est un vecteur situé dans le même plan que les vecteurs donnés β, β'. On peut donc déterminer deux nombres a, b tels que

$$\alpha' - \alpha = a\beta + b\beta'$$

et l'on aura

$$x = a, \qquad x' = -b.$$

Le ρ du point commun aux deux droites données sera égal à $\alpha + a\beta$ ou, si l'on préfère, $\alpha' - b\beta'$.

59. Théorèmes des transversales. — Considérons le triangle ABC coupé par la transversale DEF.

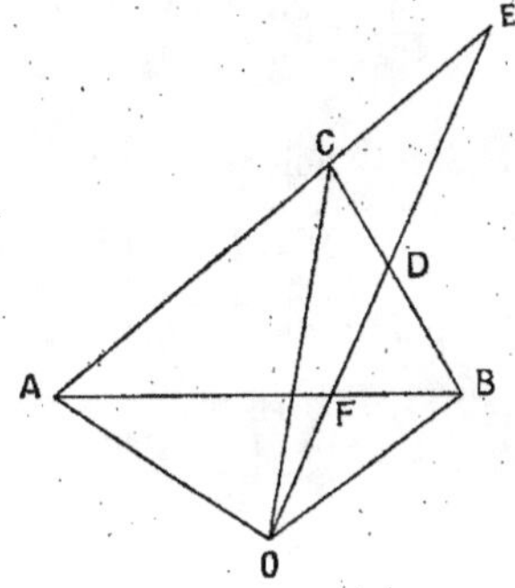

Fig. 5.

Prenons l'origine des vecteurs sur la transversale. Soient

$$\overline{OA} = \alpha, \qquad \overline{OB} = \beta, \qquad \overline{OC} = p\alpha + q\beta.$$

Représentons un vecteur dirigé suivant la transversale par

$$r\alpha + s\beta.$$

Pour le point D, on aura

$$\overline{O\partial} = \lambda(r\alpha + b\beta) = \frac{\beta + l(p\alpha + q\beta)}{1 + l},$$

on en tire, en égalant les coefficients de α et ceux de β,

$$-l = \frac{qr - ps}{r};$$

pour E,

$$\overline{OE} = \mu(r\alpha + s\beta) = \frac{p\alpha + q\beta + m\alpha}{1 + m},$$

d'où

$$-m = \frac{ps - qr}{s};$$

enfin, pour F,

$$\overline{OF} = \nu(r\alpha + s\beta) = \frac{\alpha + n\beta}{1 + n},$$

d'où

$$-n = -\frac{s}{r};$$

Or,

$$\frac{DB}{DC} = -l, \qquad \frac{EC}{EA} = -m, \qquad \frac{FA}{FB} = -n$$

en remplaçant $-l, -m, -n$ par les valeurs trouvées, on trouve

$$\frac{DB}{DC} \times \frac{EC}{EA} \times \frac{FA}{FB} = +1.$$

60. Second théorème. — Soient

$$\overline{OA} = \alpha, \qquad \overline{OB} = \beta, \qquad \overline{OC} = p\alpha + q\beta$$

et soient D, E, F les points de rencontre de OA avec BC, de OB

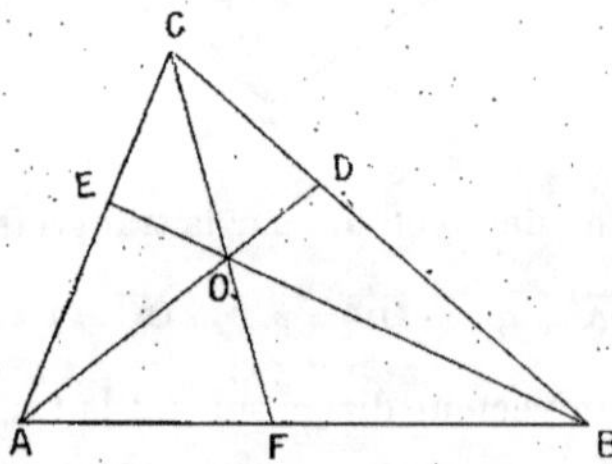

Fig. 6.

avec CA et de OC avec AB, on aura, pour D,

$$\lambda\alpha = \frac{\beta + l(p\alpha + q\beta)}{1 + l};$$

pour E,

$$\mu\beta = \frac{p\alpha + q\beta + m\alpha}{1 + m};$$

pour F,

$$\nu(p\alpha + q\beta) = \frac{\alpha + n\beta}{1 + n};$$

on en tire

$$- l = \frac{1}{q},$$
$$- m = p,$$
$$- n = - \frac{q}{p};$$

mais

$$\frac{DB}{DC} = - l, \qquad \frac{EC}{EA} = - m, \qquad \frac{FA}{FB} = - n,$$

et par suite,

$$\frac{DB}{DC} \times \frac{EC}{EA} \times \frac{FA}{FB} = - 1.$$

61. Centre de gravité. — Étant donnés un nombre quelconque de points A_1, A_2, ..., A_n, extrémités de vecteurs ρ_1, ρ_2, ..., ρ_n et autant de cœfficients correspondants m_1, m_2, ..., m_n de somme M. On peut trouver un point G vérifiant l'égalité

$$MP = m_1\rho_1 + m_2\rho_2 + \ldots + m_n\rho_n,$$

quelle que soit l'origine des vecteurs.

On peut faire, en effet, la construction indiquée. Si l'on change d'origine, en posant

$$\rho_1 = a + \rho'_1, \qquad \rho_2 = a + \rho'_2, \qquad \ldots,$$
$$P_1 = a + P'_1,$$

l'égalité subsiste à cause de

$$M = m_1 + m_2 + \ldots + m_n.$$

On peut construire G de la manière suivante. Déterminons d'abord le point G_1 tel que

$$(m_1 + m_2)P_1 = m_1\rho_1 + m_2\rho_2,$$

P_1 étant le vecteur $\overline{OG_1}$. G_1 est le point qui partage $\widehat{A_1A_2}$ dans le rapport $- \dfrac{m_2}{m_1}$. Le point G_2 qui partage $\overline{G_1A_3}$ dans le rapport $\dfrac{- m_3}{m_1 + m_2}$

est déterminé par l'équation

$$(m_1 + m_2 + m_3)P_2 = (m_1 + m_2)P_1 + m_3\rho_3.$$

Or,

$$(m_1 + m_2 + m_3)P_2 = m_1\rho_1 + m_2\rho_2 + m_3\rho_3,$$

et ainsi de suite.

Cas particulier :
$$m_1 = m_2 = \ldots = m_n;$$
alors

$$P = \frac{\rho_1 + \rho_2 + \ldots + \rho_n}{n}.$$

62. Application au triangle ABC. — Soient α, β, γ les vecteurs des sommets A, B, C; l'origine étant arbitraire, plaçons-la en A; dans ce cas,

$$P = \frac{\rho_2 + \rho_3}{3}.$$

Si D est le milieu de BC,

$$\overline{OD} = \frac{\rho_1 + \rho_2}{2}, \qquad \overline{OG} = \frac{3}{2}\,\overline{OD},$$

ce qui démontre la propriété des médianes d'un triangle.

63. Dans un tétraèdre ABCD, si l'on prend A pour origine et si

$$\overline{AB} = \beta, \qquad \overline{AC} = \gamma, \qquad \overline{AD} = \delta,$$

on aura

$$P = \frac{\beta + \gamma + \delta}{4} = \frac{3}{4}\,\frac{\beta + \gamma + \delta}{3},$$

on en déduit que les droites joignant les sommets aux centres de gravité des forces opposées sont concourantes, le point de rencontre étant aux $\frac{3}{4}$ de chaque droite à partir du sommet correspondant.

64. Bissectrices d'un angle. — Soient α, β les vecteurs dirigés suivant les côtés de l'angle. La bissectrice de l'angle BAC est dirigée suivant le vecteur

$$U\alpha + U\beta,$$

ρ désignant un point de cette bissectrice, on a

$$\rho = x(U\alpha + U\beta).$$

Pour la bissectrice extérieure

$$\rho' = y(U\alpha - U\beta),$$
$$S\rho\rho' = xy[(U\alpha)^2 - (U\beta)^2] = 0,$$

car si u et v sont deux vecteurs

$$(u + v)(u - v) = u^2 - v^2 + vu - uv;$$

or, $vu - uv$ est un vecteur, donc

$$S(u + v)(u - v) = u^2 - v^2,$$

et si

$$u = U\alpha, \qquad v = U\beta, \qquad u^2 = v^2 = -1.$$

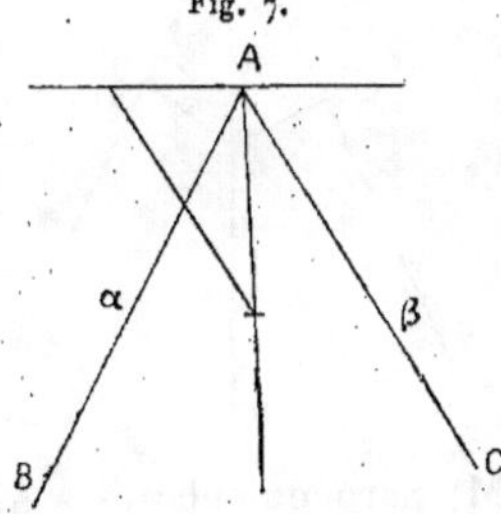
Fig. 7.

On voit donc que les deux bissectrices sont rectangulaires.

Tout point de chaque bissectrice est à égale distance des côtés.

Prenons, par exemple, la bissectrice intérieure, et soit

$$\rho = x(U\alpha + U\beta).$$

On a

$$V\rho U\alpha = x V.U\beta U\alpha,$$

car

$$(U\alpha)^2 = -1,$$

de même

$$V\rho U\beta = x V.U\alpha U\beta,$$

les tenseurs des seconds membres sont égaux, la proposition est établie.

Même démonstration pour la bissectrice extérieure.

Si P et Q sont les pieds des perpendiculaires abaissées d'un point de la bissectrice par les côtés, on a

$$AP = AQ.$$

En effet,

$$S_\rho U \alpha = x(-1 + SU\alpha U\beta),$$
$$S_\rho U \beta = x(SU\alpha U\beta - 1)$$

Réciproquement, soit $AP = AQ$; posons

$$\overline{AP} = \alpha, \qquad \overline{AQ} = \beta$$

avec la condition

$$T\alpha = T\beta,$$

Fig. 8.

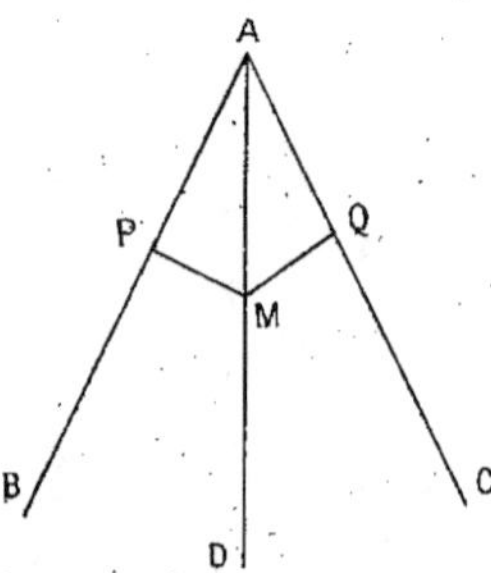

les droites PM et QM, perpendiculaires à AP et AQ, auront pour équation

$$S\alpha(\rho - \alpha) = 0,$$
$$S\beta(\rho - \beta) = 0$$

ou

$$S\alpha\rho = \alpha^2,$$
$$S\beta\rho = \beta^2.$$

Mais

$$\alpha^2 = -(T\alpha)^2, \qquad \beta^2 = -(T\beta)^2,$$

donc

$$S(\alpha - \beta)\rho = 0,$$

ce qui prouve que AM est perpendiculaire à PQ. On voit de même que si $MP = MQ$, MA est perpendiculaire à PQ.

65. Bissectrices des angles d'un triangle. — Soient

$$\overline{BC} = \alpha, \qquad \overline{CA} = \beta, \qquad \overline{AB} = \gamma.$$

Si l'on prend A pour origine, l'équation de la bissectrice intérieure de l'angle A sera

$$\rho = x(U_\gamma - U_\beta).$$

66. Propriété de la bissectrice. — Marquons sur la droite BC le

Fig. 9.

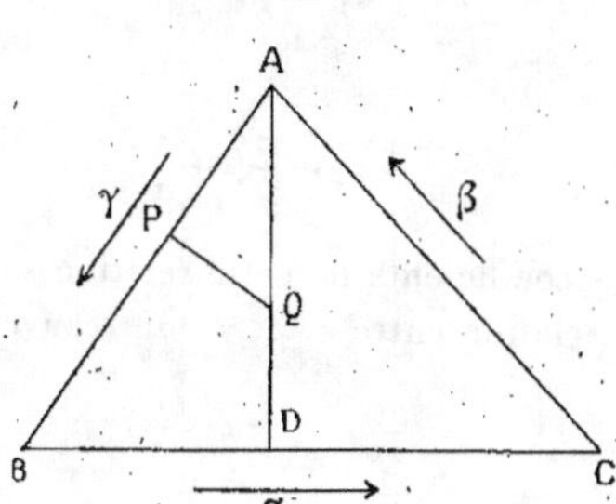

point qui partage le côté BC en parties proportionnelles aux deux autres côtés AB, AC; on a

$$BD = \frac{ac}{b+c}, \qquad DC = \frac{ab}{b+c},$$

et cherchons l'équation de AD

$$\overline{AD} = \gamma + \frac{c}{b+c}\,\alpha = \gamma - \frac{c}{b+c}\,(\beta + \gamma).$$

Or,

$$\beta = b\,U_\beta, \qquad \gamma = c\,U_\gamma,$$

donc

$$\overline{AD} = \frac{bc}{b+c}\,(U_\gamma - U_\beta),$$

donc AD est la bissectrice intérieure de l'angle A.

Conservons toujours A comme origine. En raisonnant comme pour la bissectrice de A, nous trouverons, pour les deux autres bissectrices, les équations

$$\rho = \quad \gamma + y\,(U_\alpha - U_\gamma)$$

et

$$\rho = -\,\beta + z\,(U_\beta - U_\alpha).$$

On obtiendra le point de rencontre de ces deux bissectrices en déterminant y et z, de façon que

$$\beta + \gamma = y\,U_\gamma + z\,U_\beta - (y + z)\,U_\alpha.$$

Mais

$$\beta + \gamma + \alpha = 0,$$

$$U_\alpha = \frac{\alpha}{a}, \qquad U_\beta = \frac{\beta}{b}, \qquad U_\gamma = \frac{\gamma}{c},$$

donc on doit avoir

$$\left(1 - \frac{y+z}{a}\right)\alpha + \frac{z}{b}\beta + \frac{\gamma}{c}\gamma = 0,$$

ce qui exige que les coefficients de cette relation soient égaux, car il n'y a qu'une seule relation entre α, β, γ. On trouve

$$y = \frac{ac}{2p}, \qquad z = \frac{bc}{2p}.$$

Le point de rencontre des bissectrices des angles B et C est donc donné par

$$\rho = \gamma + \frac{ac}{2p}(U_\alpha - U_\gamma)$$

ou

$$\rho = cU_\gamma - \frac{ac}{2p}U_\gamma - \frac{c}{2p}(bU_\beta + cU_\gamma),$$

car

$$aU_\alpha + bU_\beta + cU_\gamma = 0,$$

on trouve en réduisant

$$\rho = \frac{bc}{2p}(U_\gamma - U_\beta),$$

c'est-à-dire un point de la bissectrice de l'angle A. On retrouve ainsi un théorème connu.

On verrait de la même façon que les bissectrices extérieures des angles B et C ont pour équations

$$\rho = \gamma + x(U_\alpha + U_\gamma),$$
$$\rho = -\beta + y(U_\alpha + U_\beta)$$

et qu'elles se coupent aussi sur la bissectrice intérieure de l'angle A.

67. Équations d'une ligne droite (*coordonnées de Plücker*). — Nous savons qu'on peut mettre les équations d'une ligne droite sous la forme

$$(1) \qquad \begin{cases} bz - cy = a', \\ cx - az = b', \\ ay - bx = c', \end{cases}$$

en supposant

$$(2) \qquad aa' + bb' + cc' = 0.$$

Considérons les deux vecteurs

$$\alpha = ia + jb + kc,$$
$$\beta = ia' + jb' + kc';$$

d'après (2), ces deux vecteurs sont rectangulaires.

Le système (1), peut s'écrire

$$(3) \qquad V(\alpha\rho) = \beta,$$

en posant

$$\rho = ix + jy + kz.$$

Cette équation est résolue, évidemment, en posant

$$\rho = \alpha^{-1}\beta + \lambda\alpha,$$

λ étant un nombre arbitraire.

Or

$$\alpha^{-1}\beta = -\frac{1}{a^2 + b^2 + c^2}\,\alpha\beta;$$

mais $S\alpha\beta = 0$, donc

$$\alpha\beta = i(bc' - cb') + j(ca' - ac') + k(ab' - ba'),$$

et si l'on égale de part et d'autre les coefficients de i, j, k, on obtient

$$(4) \qquad \begin{cases} x = -\dfrac{1}{a^2 + b^2 + c^2}(bc' - cb') + \lambda\,a, \\[2mm] y = -\dfrac{1}{a^2 + b^2 + c^2}(ca' - ac') + \lambda\,b, \\[2mm] z = -\dfrac{1}{a^2 + b^2 + c^2}(ab' - ba') + \lambda\,c, \end{cases}$$

on a ainsi une représentation paramétrique d'un point quelconque de la droite définie par les équations (1).

On peut interpréter géométriquement le résultat. Soient A et B les points ayant pour coordonnées a, b, c et a', b', c', construisons le vecteur $\overline{OP} = \alpha^{-1}\beta$ perpendiculaire au plan OAB, et menons PM parallèle à OA; la droite PM est la droite représentée par les équations (1).

68. Remarque. — Si l'on se donne une seconde droite, pour que les deux droites se rencontrent, il est nécessaire que l'on puisse trouver une même valeur de ρ telle que

$$(5) \qquad \begin{cases} V(\alpha\ \rho) = \beta, \\ V(\alpha_1 \rho) = \beta_1. \end{cases}$$

Nous supposons remplies les conditions

$$S\alpha\beta = 0, \qquad S\alpha_1\beta_1 = 0.$$

Or des équations (5) on tire les conditions

$$S\alpha_1\beta = S\alpha_1 V\alpha\ \rho = S\alpha_1\alpha\ \rho,$$
$$S\alpha\ \beta_1 = S\alpha\ V\alpha_1\rho = S\alpha\ \alpha_1\rho,$$

donc on retrouve la condition connue

$$S\alpha\beta_1 + S\alpha_1\beta = 0$$

ou

$$aa'_1 + bb'_1 + cc'_1 + a_1 a' + b_1 b' + c_1 c' = 0.$$

69. Problème. — *Mener, par un point donné, une droite qui s'appuie sur deux droites données, non situées dans un même plan.*

Prenons le point donné pour origine et soient

$$(D) \qquad\qquad\qquad \rho = \beta + x\ \alpha,$$
$$(D') \qquad\qquad\qquad \rho = \beta' + x'\alpha'$$

les équations des deux droites.

Soit OMM' la droite demandée qui rencontre en M la droite (D) et en M' la droite D'. On peut poser

$$(1) \qquad\qquad\qquad \overline{OM'} = z\,\overline{OM}.$$

Nous pouvons supposer β' exprimé en fonction de α, α' et β en posant

$$\beta' = l\alpha + l'\alpha' + m\beta.$$

En vertu de l'équation (1) et des équations des droites (D), (D') on a

$$\beta' + x'\alpha = z(\beta + x\alpha),$$

donc

$$l\alpha + l'\alpha' + m\beta + x'\alpha' = z(\beta + x\alpha),$$

en identifiant les coefficients de α, α' et de β on a

$$l = zx,$$
$$l' + x' = 0,$$
$$m = z,$$

donc

$$x = \frac{l}{m}, \qquad x' = -l'.$$

On connaît donc les vecteurs $\overline{OM}$ et $\overline{OM'}$

$$\overline{OM} = \beta + \frac{l}{m}\,\alpha,$$
$$\overline{OM'} = \beta' - l'\alpha' = l\alpha + m\beta,$$
$$\overline{M'M} = \left(l - \frac{l}{m}\right)\alpha + (m - 1)\beta.$$

70. Problème. — *Construire une droite parallèle à une direction donnée et s'appuyant sur deux droites données, non situées dans un même plan.*

Les équations des deux droites étant toujours

$$(D) \qquad \rho = \beta + x\,\alpha,$$
$$(D') \qquad \rho = \beta' + x'\alpha'.$$

Soit γ le vecteur-unité donnant la direction de la droite cherchée. Prenons comme vecteurs composants pour β et β', les vecteurs α, α', γ, ce qui nous permet de poser

$$\beta = a\,\alpha + b\,\alpha' + c\,\gamma,$$
$$\beta' = a'\alpha + b'\alpha' + c'\gamma.$$

On doit avoir

$$\beta + x\alpha + y\gamma = \beta' + x'\alpha',$$

donc

$$(a + x)\alpha + b\alpha' + (c + y)\gamma = a'\alpha + (b' + x')\alpha' + c'\gamma,$$

d'où, en identifiant :

$$x = a' - a, \qquad x' = b - b', \qquad y = c' - c.$$

En appelant ρ le vecteur $\overline{OM}$ et ρ' le vecteur $\overline{OM'}$, M et M' désignant les points où la droite demandée rencontre les droites (D) et (D'), on a

$$\rho = \beta + (a' - a)\alpha,$$
$$\rho' = \beta' + (b - b')\alpha',$$

et, en remplaçant β et β' en fonction de α, $\alpha'\,\gamma$, on trouve

$$\overline{MM'} = \overline{OM'} - \overline{OM} = (c'-c)\gamma.$$

La longueur MM' a donc pour mesure $|c - c'|$.

71. Cas particulier. — Si l'on suppose que γ soit perpendiculaire à chacune des deux droites, on aura les équations de la perpendiculaire commune à ces deux droites. Il suffit de prendre pour γ le vecteur $V\alpha\alpha'$ et pour que le tenseur de γ soit égal à l'unité, on posera

$$\gamma = U(\alpha\alpha').$$

72. Autre solution. — Nous nous proposons de tronver la perpendiculaire commune aux deux droites (D), (D').

Nous établirons tout d'abord une formule qui nous servira.

Cherchons en premier lieu la différentielle de ρ^2. Pour cela calculons la différence

$$(\rho + d\rho)^2 - \rho^2,$$

on trouve

$$(\rho + d\rho)(\rho + d\rho) = \rho^2 + \rho\,d\rho + d\rho\,\rho + (d\rho)^2,$$

c'est-à-dire

$$\rho^2 + 2S\rho\,d\rho + (d\rho)^2,$$

on en déduit

$$d\rho^2 = 2S\rho\,d\rho.$$

Cela étant

$$T\rho^2 = -\rho^2,$$

donc

$$dT\rho^2 = 2T\rho\,dT\rho = -d\rho^2,$$

d'où

$$T\rho\,dT\rho = -S\rho\,d\rho.$$

Reprenons les mêmes notations que plus haut, M et M' étant respectivement sur la droite (D) et la droite (D') en posant

$$\rho = \beta + x\,\alpha,$$
$$\rho' = \beta' + x'\alpha',$$

d'où

$$\rho' - \rho = \beta' - \beta + x'\alpha' - x\alpha,$$

et proposons-nous de chercher le minimum de $T(\rho' - \rho)$. Pour cela, on doit poser

$$d\,T(\rho' - \rho) = 0;$$

donc, d'après le lemme qu'on vient d'établir,

$$S[(\rho' - \rho)\, d(\rho' - \rho)] = 0$$

ou

$$S[(\rho' - \rho)(\alpha'\, dx' - \alpha\, dx)] = 0,$$

et par suite puisque dx et dx' sont arbitraires, on doit avoir

$$S\alpha(\rho' + \rho) = 0, \quad S\alpha'(\rho' - \rho) = 0,$$

ce qui exprime que la droite MM' doit être la perpendiculaire commune aux deux droites données.

73. Cas particulier. — Prenons l'une des droites données pour axe des z; nous pouvons alors poser $\alpha = k$. Si α_0 est la projection sur le plan des xy du vecteur α' qui donne la direction de la seconde droite, on peut poser $\alpha' = \alpha_0 + hk$. Alors $U\alpha\alpha' = Uk\alpha_0$; ce qui prouve que la perpendiculaire commune est parallèle à la perpendiculaire abaissée de l'origine sur la projection de la seconde droite sur le plan xOy.

Cela étant, nous aurons $\beta = 0$, et nous pouvons supposer β' dans le plan des xy; comme α est perpendiculaire à ce plan, on a seulement

$$\beta' = b'\alpha_0 + c'Uk\alpha_0,$$

donc la perpendiculaire commune a pour longueur c'; α_0 et $Uk\alpha_0$ étant perpendiculaires il en résulte que la perpendiculaire commune est égale à la distance du point O à la projection de la seconde droite sur le plan des xy.

74. **Exercice** — *Aux milieux D, E, F des côtés d'un triangle OAB, on élève des perpendiculaires à ces côtés dirigées dans le sens de l'extérieur, et l'on prend sur ces perpendiculaires des longueurs DA', EB', FC' proportionnelles aux côtés correspondants.*

1° Prouver que les centres de gravité des triangles OAB et A'B'C' coïncident.

2° Si A'B'C' sont les centres des triangles équilatéraux construits sur les côtés du triangle donné, le triangle A'B'C' est équilatéral.

Prenons pour axes le côté OA et la perpendiculaire Oy à ce côté. Posons $\overline{OA} = 2\alpha$; $\overline{OB} = 2\beta$, $\overline{BA} = 2(\alpha - \beta)$. Si l'on appelle k le vecteur-unité perpendiculaire au plan du triangle, nous aurons

$$\overline{OA'} = \rho_1 = \beta + nk\beta,$$
$$\overline{OB'} = \rho_2 = \alpha - nk\alpha,$$
$$\overline{OC'} = \rho_3 = \alpha + \beta + nk(\alpha - \beta).$$

On voit que

$$\rho_1 + \rho_2 + \rho_3 = 2\alpha + 2\beta,$$

ce qui démontre la première partie.

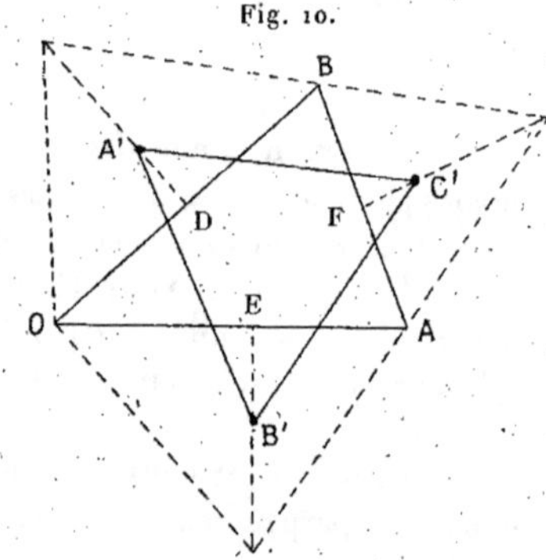

Fig. 10.

Pour simplifier les calculs, nous introduirons les coordonnées des points E, D en posant

$$\alpha = ix, \qquad \beta = ix' + jy',$$

ce qui nous donnera

$$\rho_1 = i(x' - ny') + j(y' + nx'),$$
$$\rho_2 = ix - njx,$$
$$\rho_3 = i(x + x' + ny') + j(nx + y' - nx').$$

On vérifie sans difficulté que

$$T(\rho_1 - \rho_2) = T(\rho_2 - \rho_3) = T(\rho_3 - \rho_1),$$

si $3n^2 = 1$. La proposition est établie si l'on change n en $-n$, les calculs subsistent; on peut donc porter les longueurs DA', EB', PC' en sens contraires et les propriétés du triangle obtenu sont les mêmes.

75. **Équation d'un plan.** — Soit α un vecteur normal à un plan. Soient encore un point $B(\beta)$ donné de ce plan, et $M(\rho)$ un point variable du même plan. Le vecteur $\rho - \beta$ est normal au vecteur α,

donc
$$S\,\alpha(\rho - \beta) = 0,$$

c'est-à-dire
$$S\,\alpha\rho = S\,\alpha\beta = a,$$

a étant une constante.

Si le plan passe par l'origine son équation sera $S\,\alpha\rho = 0$, par exemple $S\,i\rho = 0$ est le plan des yz, etc.

On peut obtenir autrement l'équation d'un plan. Appelons p le vecteur-unité dirigé suivant α, $S\,p\rho$ représente en valeur absolue la projection du vecteur géométrique OM sur la normale au plan. Un plan peut être défini, le lieu des points M tels que la projection de OM sur une droite donnée soit constante.

Si nous posons
$$S\,p\rho = -h,$$
$$\rho = ix + jy + kz,$$
$$p = i\cos\alpha + j\cos\beta + k\cos\gamma,$$

ces cosinus étant les cosinus directeurs de p, l'équation du plan n'est pas autre chose que l'équation

$$x\cos\alpha + y\cos\beta + z\cos\gamma = h,$$

— h est précisément la distance de l'origine au plan, comptée parallèlement au vecteur p. Un plan parallèle au premier a pour équation

$$S\,p\rho = -h'.$$

La distance des deux plans est égale à $h - h'$.

Reprenons la première forme de l'équation

$$S\,\alpha\rho = S\,\alpha\beta = a,$$

et cherchons la distance de l'origine. Le vecteur $\overline{OM}$ sera normal au plan si
$$\rho = \lambda\alpha,$$

ce qui donne
$$\lambda\alpha^2 = a,$$

et par suite,
$$\lambda\alpha = \alpha^{-1}a$$

et
$$h = T\,\alpha^{-1}a.$$

Si l'on remarque que

$$\alpha^{-1} = \frac{-\alpha}{(T\alpha)^2}, \qquad p = \frac{\alpha}{T\alpha},$$

on retrouve

$$h = \frac{-1}{\mathrm{T}\alpha}\, a = -\,\mathrm{S}\, p\rho.$$

La distance de l'origine à un second plan parallèle au premier et mené par le point β' sera

$$h' = \mathrm{T}\alpha^{-1}\,\mathrm{S}\,\alpha\rho'$$

et

$$h - h' = \mathrm{T}\alpha^{-1}(a - \mathrm{S}\,\alpha\rho'),$$

$h - h'$ désigne la distance des deux plans.

76. Application. — *Plus courte distance de deux droites.* — Cette longueur est égale à la distance des deux plans parallèles aux vecteurs α, α' menés par les points β, β' : on a donc

$$d = h - h' = -\,\mathrm{S}\,\mathrm{U}\,\alpha\alpha'.(\beta - \beta'),$$

car évidemment

$$p = \mathrm{U}(\alpha\alpha').$$

77. Problème. — *Trouver le point où une droite rencontre un plan.* — Le plan a pour équation

$$\mathrm{S}\,\alpha\rho = a,$$

les points A, B sont les extrémités des vecteurs ρ_1, ρ_2. Le point de rencontre M est l'extrémité du vecteur

$$\rho = \frac{\rho_1 + m\rho_2}{1 + m},$$

m est déterminé par la relation

$$\mathrm{S}\,\alpha\,\frac{\rho_1 + m\,\rho_2}{1 + m} = a,$$

d'où l'on tire

$$m = \frac{a - \mathrm{S}\,\alpha\rho_1}{\mathrm{S}\,\alpha\rho_2 - a}.$$

On voit que le rapport dans lequel le plan partage le segment AB est égal au rapport des distances des points A et B au plan.

78. Intersection de trois plans. — Soient

$$\mathrm{S}\,\alpha\rho = a, \qquad \mathrm{S}\,\beta\rho = b, \qquad \mathrm{S}\,\gamma\rho = c$$

les équations des plans donnés : nous supposerons

$$T\alpha = 1, \qquad T\beta = 1, \qquad T\gamma = 1,$$

soit

$$\rho = x\alpha + y\beta + z\gamma.$$

Pour que l'extrémité de ρ soit le point M commun aux trois plans, les nombres x, y, z doivent vérifier trois équations que nous allons former, on a

$$\alpha\rho = -x + y\alpha\beta + z\alpha\gamma,$$

donc

$$S\alpha\rho = -x + yS\alpha\beta + zS\alpha\gamma.$$

Mais appelons λ, μ, ν les faces du trièdre formé par les vecteurs α, β, γ en posant :

$$(\beta, \gamma) = \lambda, \qquad (\gamma, \alpha) = \mu, \qquad (\alpha, \beta) = \nu,$$

ce qui donne

$$S\alpha\beta = -\cos\nu, \qquad S\gamma\alpha = -\cos\mu, \qquad S\beta\gamma = -\cos\lambda,$$

et nous obtiendrons les équations

$$x + y\cos\nu + z\cos\mu = -a,$$
$$x\cos\nu + y \qquad + z\cos\lambda = -b,$$
$$x\cos\mu + y\cos\lambda + z \qquad = -c.$$

On voit que la méthode des quaternions coïncide ici avec la méthode de la géométrie analytique.

79. Problème. — *Soient α, β, γ trois vecteurs-unités, A, B, C étant leurs extrémités. Former l'équation du plan passant par l'origine et parallèle au plan ABC, et calculer les sinus de l'angle que chacun des vecteurs donnés fait avec ce plan.*

Il s'agit de trouver le vecteur δ perpendiculaire au plan ABC. On a, évidemment,

$$S\alpha\delta = S\beta\delta = S\gamma\delta,$$

donc, si nous exprimons δ au moyen des vecteurs $V\alpha\beta$, $V\beta\gamma$, $V\gamma\delta$, nous aurons (26)

$$\delta.S\alpha\beta\gamma = [V\alpha\beta + V\beta\gamma + V\gamma\alpha].S\alpha\delta,$$

δ a donc même direction que le vecteur

$$V\alpha\beta + V\beta\gamma + V\gamma\alpha,$$

et par suite l'équation du plan cherché qui est

$$S\,\delta\rho = o$$

peut s'écrire

$$S\rho\,[V\alpha\beta + V\beta\gamma + V\gamma\alpha] = o.$$

Cherchons la distance du point A à ce plan. Si D est le pied de la perpendiculaire abaissée de A sur le plan, le vecteur de D a pour valeur $\alpha + x$H, on a donc

$$S(\alpha + x\,H)H = o,$$

en posant

$$H = V\alpha\beta + V\beta\gamma + V\gamma\alpha,$$
$$S\alpha H + x\,H^2 = o,$$

donc

$$x\,H = -\,H^{-1}S\,\alpha H;$$

mais

$$S\alpha H = S\alpha V\alpha\beta + S\alpha V\beta\gamma + S\alpha V\gamma\alpha,$$

le premier et le troisième terme du second membre sont nuls, le second est égal à $S\alpha\beta\gamma$, donc

$$x\,H = -\,H^{-1}S\,\alpha\beta\gamma.$$

Il en résulte que la distance cherchée, égale au sinus demandé, puisque $OA = 1$, a pour mesure

$$\sin\theta = -\,\frac{S\alpha\beta\gamma}{T(V\alpha\beta + V\beta\gamma + V\gamma\alpha]}.$$

80. Propriété d'un tétraèdre. — Soit OABC un tétraèdre déterminé par les vecteurs α, β, γ. Pour fixer les idées supposons ce tétraèdre disposé comme les axes Ox, Oy, Oz. On sait que

$$TV\alpha\beta = T\alpha.T\beta\sin(\alpha,\ \beta).$$

Le vecteur $V\alpha\beta$ est proportionnel au double de l'axe du triangle OAB et il est perpendiculaire au plan OAB. Pareillement pour les vecteurs $V\beta\gamma$, $V\gamma\alpha$.

Dans le triangle ABC

$$\overline{AB} = \beta - \alpha, \qquad \overline{AC} = \gamma - \alpha.$$
$$V(\beta - \alpha)(\gamma - \alpha) = V\beta\gamma - V\alpha\gamma - V\beta\alpha,$$

car

$$V\alpha^2 = 0,$$

donc

$$V(\beta - \alpha)(\gamma - \alpha) = V\alpha\beta + V\beta\gamma + V\gamma\alpha.$$

On en déduit que le vecteur perpendiculaire à la face ABC et proportionnel à l'axe de cette face est équipollent à la somme des vecteurs $V\alpha\beta$, $V\beta\gamma$, $V\gamma\alpha$. Si l'on considère le vecteur opposé au vecteur perpendiculaire à ABC, on voit que la somme de ces vecteurs est nulle. On a ainsi ce théorème : la somme des vecteurs perpendiculaires aux faces d'un tétraèdre, dirigés vers l'intérieur du tétraèdre, et proportionnels aux aires de ses faces est nulle. La proposition s'étend à un polyèdre convexe.

81. Problème. — *On considère deux droites* (D), (D') *non situées dans un même plan. Une sécante commune MM' se déplace en restant parallèle à un plan* P. *Lieu du point* N *qui partage MM' dans un rapport donné.*

En posant

$$\overline{OM} = \rho, \qquad \overline{OM'} = \rho', \qquad \overline{ON} = r,$$

on aura

$$\rho = \beta + x\alpha, \qquad \rho' = \beta' + x'\alpha',$$
$$r = \frac{\beta + x\alpha + m(\beta' + x'\alpha')}{1 + m}.$$

Si γ désigne un vecteur perpendiculaire au plan P, on doit poser

$$S\gamma(\beta + x\alpha - \beta' - x'\alpha') = 0.$$

Cette équation peut se mettre sous la forme

$$x' = ax + b,$$

a et b étant des constantes. On aura donc

$$r = \delta + x\varepsilon,$$

δ et ε étant deux vecteurs constants. Donc le point N décrit une droite. On retrouve ainsi une propriété du paraboloïde hyperbolique.

CHAPITRE III.

LE CERCLE ET LA SPHÈRE.

---

82. Soient a le vecteur qui aboutit au centre d'un cercle, et R le rayon de ce cercle que nous supposons tracé dans le plan $x\mathrm{O}y$. L'équation de ce cercle peut s'écrire

$$\mathrm{T}(\rho - a) = \mathrm{R}$$

ou aussi

$$(\rho - a)^2 = -\mathrm{R}^2$$

et, en développant,

$$\rho^2 - 2\,\mathrm{S}\,a\rho + a^2 + \mathrm{R}^2 = 0.$$

83. Cercle passant par trois points donnés, ρ_1, ρ_2, ρ_3. — Il s'agit de déterminer le vecteur a et le rayon R tels que

$$\rho_1^2 - 2\,\mathrm{S}\,a\rho_1 + a^2 + \mathrm{R}^2 = 0,$$
$$\rho_2^2 - 2\,\mathrm{S}\,a\rho_2 + a^2 + \mathrm{R}^2 = 0,$$
$$\rho_2^3 - 2\,\mathrm{S}\,a\rho_3 + a^2 + \mathrm{R}^2 = 0.$$

Retranchons membre à membre les deux premières équations, nous obtenons

$$\rho_2^2 - \rho_1^2 = 2\,\mathrm{S}\,a(\rho_2 - \rho_1).$$

Le centre est donc sur la droite ayant pour équation

$$2\,\mathrm{S}\,\rho(\rho_2 - \rho_1) = \rho_2^2 - \rho_1^2,$$

droite perpendiculaire à la droite parallèle au vecteur $\rho_2 - \rho_1$, et passant par le milieu de cette droite, car l'équation est vérifiée pour

$$\rho = \frac{\rho_1 + \rho_2}{2}.$$

On verra de même que le vecteur du centre vérifie l'équation

$$2\,\mathrm{S}\,\rho(\rho_3 - \rho_2) = \rho_3^2 - \rho_2^2,$$

on aura ainsi a, vecteur du point commun à ces droites, et l'on connaîtra ensuite R^2 par l'une des premières équations.

84. Autres formes de l'équation d'un cercle.

— Prenons le centre pour origine et soient A et M deux points d'un cercle, A étant fixe et M variable. Si α et ρ sont les vecteurs ayant pour extrémités ces deux points, on peut écrire l'équation du cercle sous la forme

$$T\rho = T\alpha$$

ou

$$\rho^2 = \alpha^2.$$

Cette dernière équation peut encore s'écrire

$$S(\alpha + \rho)(\alpha - \rho) = 0.$$

Si B est le point diamétralement opposé au point A, on a

$$\overline{BM} = \alpha + \rho,$$
$$\overline{MA} = \alpha - \rho,$$

l'équation du cercle exprime que les droites BM, MA se coupent à angle droit. C'est la propriété de l'angle inscrit à un demi-cercle.

On a encore

$$\rho^2 + \alpha\rho = \alpha^2 + \alpha\rho,$$

ce qui peut s'écrire

$$(\alpha + \rho)\rho = \alpha(\alpha + \rho),$$

d'où

$$(\alpha + \rho)\rho(\alpha + \rho)^{-1} = \alpha,$$

ce qui prouve que α est le vecteur symétrique de ρ par rapport au vecteur $\alpha + \rho$.

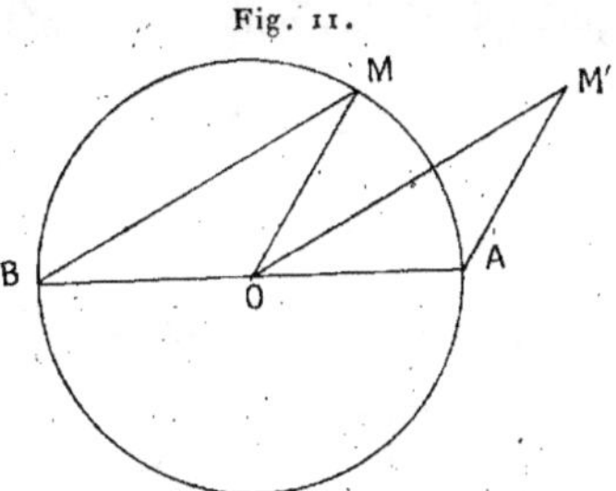

Soit $\overline{AM'} = \overline{OM}$, on aura

$$\alpha + \rho = \overline{BM} = \overline{OM'},$$

OM' est la bissectrice de AOM, mais $\widehat{OBM} = \widehat{AOM'}$. Donc l'angle au centre $\widehat{AOM}$ est le double de l'angle inscrit $\widehat{ABM}$.

85. Puissance d'un point par rapport à un cercle. — Prenons le point donné pour origine. Soient a le vecteur du centre A et R le rayon. L'équation du cercle est

$$(\rho - a)^2 + R^2 = 0$$

ou

$$\rho^2 - 2\,S\,a\rho + a^2 + R^2 = 0.$$

Posons $\rho = x\alpha$, α étant un vecteur-unité et substituons dans l'équation du cercle, nous aurons

$$- x^2 - 2x\,S\,a\alpha + a^2 + R^2 = 0.$$

Soient x', x'' les deux racines de cette équation, on a

$$x'x'' = - a^2 - R^2.$$

Si le vecteur α rencontre le cercle en M et en M', le produit

$$x'x'' = \overrightarrow{OM}.\overrightarrow{OM'},$$

$\overrightarrow{OM}$ et $\overrightarrow{OM'}$ désignant deux vecteurs géométriques. La puissance du point O est donc égale à

$$- a^2 - R^2 \quad \text{ou} \quad d^2 - R^2,$$

d étant la distance OA.

On peut remarquer que si l'on nomme ρ' et ρ'' les vecteurs imaginaires $\overline{OM}$, $\overline{OM'}$, on a

$$\rho'\rho'' = - x'x'',$$

et par suite,

$$\rho'\rho'' = a^2 + R^2.$$

86. Axe radical de deux cercles. — Soient

$$\rho^2 - 2\,S\,a\,\rho + a^2 + R^2 = 0,$$
$$\rho^2 - 2\,S\,a'\rho + a'^2 + R'^2 = 0$$

les équations de deux cercles. Pour trouver les points communs à ces deux cercles, il faudrait résoudre les deux équations précédentes. On peut remplacer l'une d'elles par l'équation obtenue en les retranchant membre à membre, ce qui donne

$$2S(a' - a)\rho + a^2 + R^2 + a'^2 - R'^2 = 0.$$

Cette équation représente une droite perpendiculaire à la ligne des centres; elle n'est autre que le lieu des points d'égale puissance par rapport aux deux cercles donnés, car pour exprimer l'égalité des puissances d'un même point ρ, il suffit de poser

$$- (\rho - a)^2 - R^2 = - (\rho - a')^2 - R'^2,$$

équation identique à la précédente.

Nous avons ainsi écrit l'équation de l'axe radical des deux cercles donnés.

On vérifiera les propriétés des axes radicaux comme en géométrie analytique.

87. Tangente à un cercle en un de ses points. — La tangente en M passe par le point $\rho + d\rho$, la direction de la tangente est donc celle du vecteur $d\rho$.

Or de l'équation du cercle

$$(\rho - a)^2 + R^2 = 0,$$

on déduit

$$d(\rho - a)^2 = 0,$$

c'est-à-dire

$$S(\rho - a)\,d\rho = 0,$$

ce qui exprime que la tangente en M au cercle donné est perpendiculaire au rayon MA.

Pour plus de clarté, appelons ρ' le vecteur du point M et ρ le vecteur d'un point quelconque P de la tangente en M, l'équation de la tangente en M sera

$$S(\rho' - a)(\rho - \rho') = 0;$$

en remplaçant $\rho - \rho'$ par $\rho - a - (\rho' - a)$ et tenant compte de l'équation du cercle, on peut écrire

$$S(\rho' - a)(\rho - a) + R^2 = 0.$$

Si l'on écrit que cette tangente passe par un point donné ρ_1, on aura

$$S(\rho' - a)(\rho_1 - a) + R^2 = 0,$$

et par suite le point M est sur le cercle et sur la droite ayant pour équation

$$S(\rho - a)(\rho_1 - a) + R^2 = o.$$

88. On peut obtenir cette équation d'une autre façon. Soit ρ_2 un point du plan du cercle. Un point quelconque de la droite PQ a pour vecteur

$$\frac{\rho_1 + \lambda \rho_2}{1 + \lambda}.$$

Pour avoir les points de rencontre de cette droite PQ et du cercle, il suffit de remplacer λ par l'une des racines de l'équation

$$[\rho_1 + \lambda \rho_2 - a(1 + \lambda)]^2 + (1 + \lambda)^2 R^2 = o.$$

Cette équation étant du second degré nous trouverons deux points d'intersection.

Pour que P et Q soient conjugués harmoniques par rapport au cercle, il faut et il suffit que la somme des racines de l'équation précédente soit nulle; donc l'équation

$$S(\rho_1 - a)(\rho_2 - a) + R^2 = o$$

représente le lieu du conjugué harmonique de P, c'est-à-dire la polaire de ce point, par rapport au cercle. La polaire coïncide avec la corde des contacts comme nous le savions.

L'équation peut s'écrire

$$S\rho\rho_1 - Sa(\rho + \rho_1) + a^2 + R^2 = o.$$

La symétrie de cette équation prouve la propriété fondamentale des polaires; en effet, pour que Q soit sur la polaire de P il faut et il suffit que

$$S\rho_1\rho_2 - Sa(\rho_1 + \rho_2) + a^2 + R^2 = o,$$

et cette condition exprime bien que la polaire de Q passe par P.

89. **Équation du faisceau des tangentes menées à un cercle par un point donné.** — Soient ρ_1 le point donné P, ρ un point M, nous avons déjà formé l'équation

$$[\rho_1 + \lambda \rho - a(1 + \lambda)]^2 + (1 + \lambda)^2 R^2 = o,$$

qui détermine les points de rencontre de la droite PM avec le cercle.

Pour que PM soit tangente au cercle, il faut et suffit que les racines de cette équation soient égales, ce qui donne

$$[(\rho - a)^2 + R^2][(\rho_1 - a)^2 + R^2] - [S(\rho - a)(\rho_1 - a) + R^2]^2 = 0.$$

90. Exercice. — *Lieu du point* M *tel que l'angle* (AM, BM) *soit constant.*

Fig. 12.

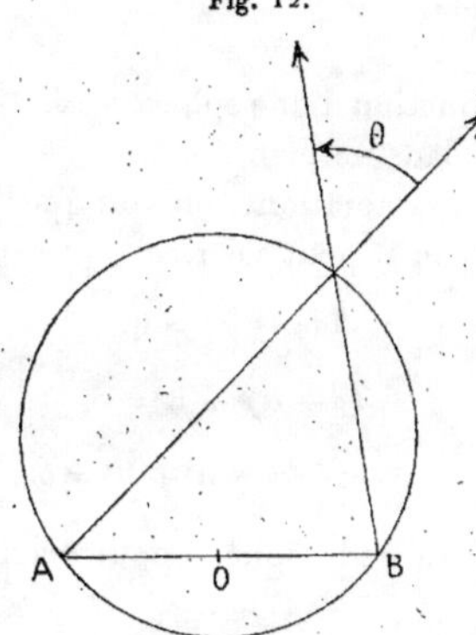

Posons

$$\overline{AO} = \overline{OB} = \alpha, \qquad \overline{OM} = \rho,$$

on en tire

$$\overline{AM} = \rho + \alpha,$$
$$\overline{BM} = \rho - \alpha.$$

Or

$$S(\rho + \alpha)(\rho - \alpha) = - T(\rho + \alpha)(\rho - \alpha)\cos\theta,$$
$$TV(\rho + \alpha)(\rho - \alpha) = T(\rho + \alpha)(\rho - \alpha)\sin\theta.$$

Mais

$$S(\rho + \alpha)(\rho - \alpha) = \rho^2 - \alpha^2,$$
$$V(\rho + \alpha)(\rho - \alpha) = \alpha\rho - \rho\alpha = 2V\alpha\rho,$$

on en déduit

$$\frac{2TV\alpha\rho}{\rho^2 - \alpha^2} = - \tan\theta,$$

c'est l'équation du lieu.

Pour achever, nous pouvons poser

$$\alpha = ia, \qquad \rho = ix + jy,$$

alors

$$V\alpha\rho = kay.$$

Si $\gamma > 0$,

$$TV\alpha\rho = ay;$$

si $y < 0$,

$$TV\alpha\rho = -\alpha y.$$

Dans le premier cas,

$$\frac{2ay}{x^2 + y^2 - a^2} = \mathrm{tang}\,\theta,$$

cette équation représente pour $y > 0$ l'arc AMB.

Pour avoir l'arc restant, il faudrait changer y en $-y$, mais aussi θ en $-\theta$, ce qui conserve l'équation.

91. Sphère. — L'équation d'une sphère a exactement la même forme que celle d'un cercle dans un plan donné.

En gardant les mêmes notations, on voit que l'équation de la sphère de centre A et de rayon R peut s'écrire

$$T(\rho - a) = R,$$

ou

$$(\rho - a)^2 + R^2 = 0,$$

ou encore

$$\rho^2 - 2\,S\,a\rho + a^2 + R^2 = 0.$$

Si l'on prend le centre de la sphère pour origine, son équation sera

$$\rho^2 - \alpha^2 = 0,$$

comme pour le cercle et l'on aura aussi

$$S(\rho + \alpha)(\rho - \alpha) = 0,$$

ce qui exprime qu'un diamètre quelconque est vu sous un angle droit de tout point de la sphère.

92. Remarque. — La transformation précédente correspond à une transformation en coordonnées rectangulaires. En effet, supposons l'équation d'une sphère mise sous la forme

$$(1) \qquad x^2 + y^2 + z^2 = a^2 + b^2 + c^2,$$

on peut l'écrire

$$x^2 - a^2 + y^2 - b^2 + z^2 - c^2 = 0$$

ou

$$(2) \qquad (x+a)(x-a) + (y+b)(y-b) + (z+c)(z-c) = 0.$$

Or si l'on pose

$$\rho = ix + jy + kz,$$
$$\alpha = ia + jb + kc,$$

l'équation (1) est l'équation

$$\rho^2 = \alpha^2,$$

et l'équation (2) ne diffère pas de

$$S(\rho + \alpha)(\rho - \alpha) = 0.$$

Cas particulier : l'origine étant un point de la sphère. — Soit β le diamètre passant par l'origine, ρ et $\beta - \rho$ sont des vecteurs orthogonaux, donc

$$S\rho(\beta - \rho) = 0,$$

c'est-à-dire

$$\rho^2 = S\beta\rho.$$

93. Plan polaire d'un point. — Soient ρ, ρ_1 deux points. Un point quelconque de la droite passant par ces deux points a pour vecteur

$$\frac{\rho_1 + \lambda\rho}{1 + \lambda}.$$

Les points de rencontre de cette droite avec la sphère ayant pour équation

$$(\rho - a)^2 + R^2 = 0$$

sont déterminés par l'équation

$$[\rho_1 + \lambda\rho - (1 + \lambda)a]^2 + (1 + \lambda)^2 R^2 = 0.$$

On obtiendra l'équation du lieu des conjugués harmoniques du point ρ_1 par rapport à la sphère donnée, en écrivant que la somme des racines de l'équation en λ est nulle. Ce qui donne

$$S\rho\rho_1 - Sa(\rho + \rho_1) + a^2 + R^2 = 0,$$

ce qui peut s'écrire

$$S(\rho - a)(\rho_1 - a) + R^2 = 0.$$

94. Cas particulier. — Le centre de la sphère est l'origine. Le plan polaire du point $A(\rho_1)$ a, dans ce cas, pour équation

$$S\rho\rho_1 + R^2 = 0.$$

Ce plan est perpendiculaire au vecteur ρ_1. Cherchons sa distance au centre. Pour cela posons

$$\rho = \lambda\rho_0,$$

ce qui donne

$$\lambda \rho_1^2 + R^2 = 0$$

ou

$$\lambda T^2 \rho \pm R^2,$$

c'est-à-dire

$$\lambda T \rho_0 . T \rho_1 = R^2.$$

Si l'on appelle H le pied de la perpendiculaire abaissée du centre de la sphère sur le plan polaire du point A, la relation précédente montre que

$$\overrightarrow{OH} . \overrightarrow{OA} = R^2,$$

$\overrightarrow{OH}$, $\overrightarrow{OA}$ désignant ici des vecteurs géométriques ; on retrouve la relation connue.

95. Lieu des milieux des cordes parallèles à une direction donnée. — Soient

$$(\rho - a)^2 + R^2 = 0$$

l'équation d'une sphère et α un vecteur donné. Soit $M(\rho_1)$ un point ; $\rho_1 + x\alpha$ sera un point de la sphère si

$$(\rho_1 + x\alpha - a)^2 + R^2 = 0$$

ou

$$x^2\alpha^2 + 2x S\alpha(\rho_1 - a) + (\rho_1 - a)^2 + R^2 = 0 ;$$

M sera le milieu de la corde menée par ce point et parallèle au vecteur α, si les deux racines de l'équation précédente sont opposées. L'équation du lieu demandé est donc

$$S\alpha(\rho - a) = 0,$$

elle définit le plan mené par le centre de la sphère et perpendiculaire à la direction donnée ; autrement dit, le plan diamétral conjugué à cette direction.

On peut obtenir ce résultat comme cas limite.

En effet, le plan polaire du point $\rho_1 + x\alpha$ ayant pour équation

$$S(\rho - a)(\rho_1 - a + x\alpha) + R^2 = 0$$

ou

$$S(\rho - a)\left(\frac{\rho_1 - a}{x} + \alpha\right) + \frac{R^2}{x} = 0,$$

si x croît indéfiniment, a pour limite le plan défini par

$$S\alpha(\rho - a) = 0.$$

96. Équation du faisceau des tangentes à une sphère issues d'un point $A(\rho_1)$**, ou, si l'on préfère, équation du cône circonscrit de sommet** A. — L'équation qui détermine les points communs à la sphère et à une droite menée par A étant, comme on l'a déjà vu,

$$[\rho_1 + \lambda\rho - (1+\lambda)a]^2 + (1+\lambda)^2 R^2 = 0,$$

on obtiendra l'équation du lieu en écrivant que les racines sont égales, ce qui donne

$$[(\rho - a)^2 + R^2][(\rho_1 - a)^2 + R^2] - [S(\rho - a)(\rho_1 - a) + R^2]^2 = 0.$$

Remarque. — On peut vérifier que cette équation représente un cône. Pour le voir, nous porterons l'origine au point A; il suffira de poser

$$\rho - a = \rho_1 - a + r.$$

L'équation devient

$$[(\rho_1 - a)^2 + R^2 + 2S(\rho_1 - a)r + r^2][(\rho_1 - a)^2 + R^2]$$
$$- [(\rho_1 - a)^2 + R^2 + S r(\rho_1 - a)]^2 = 0$$

et, en simplifiant,

$$r^2[(\rho_1 - a)^2 + R^2] - S^2 r(\rho_1 - a) = 0,$$

cette équation ne change pas quand on remplace r par xr, elle représente donc évidemment un cône de sommet A.

97. Cylindre circonscrit de génératrices parallèles à un vecteur donné α. — Un point d'une droite parallèle à α peut être représenté par

$$\rho + x\alpha,$$

ρ étant le vecteur d'un point de cette droite. Cette droite sera tangente à la sphère ayant pour équation

$$(\rho - a)^2 + R^2 = 0$$

si les racines de l'équation en x

$$(\rho - a + x\alpha)^2 + R^2 = 0$$

ou

$$x^2\alpha^2 + 2x S\alpha(\rho - a) + (\rho - a)^2 + R^2 = 0$$

sont égales, ce qui donne l'équation du cylindre demandé

$$\alpha^2[(\rho - a)^2 + R^2] - S^2\alpha(\rho - a) = 0.$$

On voit que la ligne de contact du cylindre et de la sphère est l'intersection de cette sphère et du plan diamétral conjugué à la direction des génératrices.

98. Puissance d'un point par rapport à une sphère. — Un calcul tout pareil à celui qui concerne le cercle montre que la puissance d'un point ρ_1 par rapport à la sphère ayant pour équation

$$(\rho - a)^2 + R^2 = o$$

a pour mesure

$$- (\rho_1 - a)^2 - R^2.$$

99. Plan radical de deux sphères. — Soient

$$(\rho - a)^2 + R^2 = o,$$
$$(\rho - a_1)^2 + R^2 = o$$

les équations de deux sphères. Les ρ des points communs à ces deux sphères vérifient l'équation

$$(\rho - a)^2 + R^2 - (\rho - a_1)^2 - R_1^2 = o$$

ou

$$2 S(a_1 - a)\rho + a^2 + R^2 - a_1^2 - R_1^2 = o.$$

Cette équation représente uu plan perpendiculaire à la ligne des centres, c'est le lieu des points d'égale puissance, puisque son équation peut s'écrire

$$- (\rho - a)^2 - R^2 = - (\rho - a_1)^2 - R_1^2.$$

On vérifie aisément les propriétés des plans radicaux.

100. Plans tangents à une sphère. — Soit

$$(\rho - a)^2 + R^2 = o$$

l'équation d'une sphère. En différentiant et se rappelant

$$dx^2 = 2 S x \, dx,$$

on trouve

$$S(\rho - a) \, d\rho = o,$$

ce qui prouve que tout déplacement infiniment petit d'un point qui demeure sur la sphère est normal au vecteur du point de départ. On en conclut que les tangentes à toutes les courbes tracées sur une sphère à partir d'un point M de cette sphère sont dans le plan perpendiculaire à l'extrémité du rayon de la sphère qui aboutit au point M. D'après cela, ρ désignant le vecteur d'un point du plan tangent au point ρ' de la sphère de centre a,

$$S(\rho - \rho')(\rho' - a) = 0$$

ou

$$S[\rho - a - (\rho' - a)](\rho' - a) = 0,$$

et, en développant, et tenant compte de l'équation de la sphère,

$$S(\rho - a)(\rho' - a) + R^2 = 0.$$

101. Plans tangents menés par un point P(β). — Si le plan tangent au point ρ' de la sphère passe par le point β, on aura

$$S(\beta - a)(\rho' - a) + R^2 = 0,$$

ce qui exprime que le point de contact est dans le plan ayant pour équation

$$S(\rho - a)(\beta - a) + R^2 = 0,$$

ce plan est le plan polaire du point β. Les plans tangents issus du point β sont les plans tangents au cône circonscrit de sommet β.

102. Plans tangents parallèles à un plan donné. — Prenons, pour simplifier, le centre de la sphère de rayon R, pour origine. L'équation de cette surface sera

$$\rho^2 + R^2 = 0.$$

Appelons α le vecteur-unité perpendiculaire au plan donné. Pour avoir les vecteurs des extrémités du diamètre perpendiculaire à ce plan posons

$$\rho = r\alpha,$$

ce qui donne

$$x^2 = R^2,$$

d'où

$$x = \varepsilon R \qquad (\varepsilon = \pm 1),$$

les vecteurs des points de contact des plans cherchés seront donc donnés par l'équation

$$\rho = \varepsilon R \alpha.$$

Il en résulte que les plans tangents cherchés sont définis par l'équation

$$S\alpha(\rho - \varepsilon R\alpha) = 0,$$

c'est-à-dire

$$S\alpha\rho + \varepsilon R = 0.$$

103. Plans tangents parallèles à une droite donnée. — Supposons, pour simplifier les écritures, le centre à l'origine et supposons qu'on veuille déterminer les plans tangents issus du point $\beta_0 + x\alpha$. Le point de contact d'un pareil plan vérifiera l'équation

$$S\rho(\beta_0 + x\alpha) + R^2 = 0$$

ou

$$S\rho\frac{\beta_0}{x} + S\rho\alpha + \frac{R^2}{x} = 0.$$

Si x augmente indéfiniment, on obtient à la limite

$$S\rho\alpha = 0;$$

ce qui prouve que les plans tangents cherchés ont leur point de contact sur le cercle intersection de la sphère et du plan diamétral conjugué à la direction du vecteur α. On peut obtenir ce résultat directement. Soit, en effet, ρ' le vecteur du point de contact d'un plan tangent. Ce plan a pour équation

$$S\rho\rho' + R^2 = 0;$$

pour qu'il soit parallèle à la direction α, il faut et il suffit que cette équation soit vérifiée quand on pose

$$\rho = \rho' + x\alpha,$$

quel que soit x, ce qui donne

$$x S\alpha\rho' + \rho'^2 + R^2 = 0;$$

mais $\rho'^2 + R^2 = 0$; et x est arbitraire, donc on doit avoir

$$S\alpha\rho' = 0,$$

ce qui est conforme au résultat déjà obtenu.

104. Plans tangents passant par une droite donnée. — Nous supposons toujours l'origine au centre de la sphère; prenons les axes de façon que la droite donnée soit parallèle à Ox et dans le plan xOz; on peut supposer $\alpha = i$ et prendre pour équation de la droite donnée

$$\rho = hk + ti.$$

Le plan tangent au point ρ' a pour équation

$$S\rho\rho' + R^2 = 0,$$

il doit passer par le point hk et être parallèle au vecteur i, donc

$$h\,S\,k\rho' + R^2 = 0,$$
$$S\,i\rho' = 0.$$

La seconde équation montre que le point de contact est dans le plan yOz. On peut donc poser

$$\rho' = sj + h'k,$$

comme

$$S\,k\rho' = -hh',$$

l'autre équation donne

$$hh' = R^2.$$

Soit D la droite donnée, parallèle à Ox et dans le plan xOz, il lui correspond une droite D′ qui est parallèle à Oy, et dans le plan yOz, ces deux droites rencontrent Oz et leurs distances h, h' au centre vérifient la relation $hh' = R^2$. On dit que ces deux droites sont conjuguées. Si D est extérieure à la sphère, D′ la rencontre en deux points qui sont les points de contact des plans tangents menés par D.

Le plan polaire d'un point quelconque de D passe par D′ et réciproquement.

La vérification est immédiate, car le plan polaire du point

$$hk + ti$$

par exemple a pour équation

$$h\,S\,k\rho + R^2 + t\,S\,i\rho = 0.$$

105. Problème. — *Lieu des points dont le rapport des distances à deux points fixes est constant.*

Prenons l'un des points pour origine O et soit α le vecteur du second point A.

L'équation du lieu est

$$\rho^2 = m^2(\rho - \alpha)^2$$

ou

$$\rho^2(m^2-1) - 2\,m^2\,\mathrm{S}\,\alpha\rho + m^2\alpha^2 = 0,$$

qu'on peut écrire

$$\rho^2 - \frac{2\,m^2}{m^2-1}\,\mathrm{S}\,\alpha\rho + \frac{m^2\alpha^2}{m^2-1} = 0.$$

Si l'on pose

$$a = \frac{m^2\alpha}{m^2-1}, \qquad \mathrm{R}^2 = \frac{-m^2\alpha^2}{(m^2-1)^2},$$

on pourra écrire

$$\rho^2 - 2\,\mathrm{S}\,a\rho + a^2 + \mathrm{R}^2 = 0.$$

Le lieu est une sphère ayant pour diamètre PQ, P et Q étant les points qui partagent OA dans le rapport

$$m = \frac{\mathrm{OP}}{\mathrm{PA}} = \frac{\mathrm{OQ}}{\mathrm{AQ}} = m.$$

106. Problème. — *Trouver le lieu du point* M *dont la somme des carrés des distances à des points donnés reste constante, chacun des carrés étant multiplié par un coefficient particulier.*

Soient a_1, a_2, ..., a_n les vecteurs des points donnés, ρ le vecteur de M, et m_1, m_2, ..., m_n les coefficients. On doit avoir

$$m_1(\rho - a_1)^2 + m_2(\rho - a_2)^2 + \ldots + m_n(\rho - a_n)^2 + h^2 = 0,$$

h^2 étant la constante.

En développant, on obtient

$$\mathrm{M}\rho^2 - 2\,\mathrm{S}\,\rho(m_1 a_1 + m_2 a_2 + \ldots + m_n a_n) + m_1 a_1^2 + \ldots + m_n a_n^2 + h^2 = 0.$$

Si l'on nomme b le vecteur du centre de gravité des points donnés, relativement aux coefficients adoptés, on a

$$m_1 a_1 + m_2 a_2 + \ldots + m_n a_n = \mathrm{M}\,b$$

et l'équation du lieu est

$$(\rho - b)^2 + \frac{m_1 a_1^2 + m_2 a_2^2 + \ldots + m_n a_n^2 + h^2}{\mathrm{M}} - b^2 = 0.$$

Le lieu est une sphère ayant pour centre le point b.

Si M $= 0$, le lieu est un plan.

Dans le cas particulier où $m_1 = m_2 = \ldots = m_n = 1$, l'équation du lieu devient

$$\left(\rho - \frac{\Sigma a}{n}\right)^2 = -\frac{\Sigma a^2 + h^2}{n} + \left(\frac{\Sigma a}{n}\right)^2.$$

107. Théorème. — *Les sphères qui coupent sous des angles donnés deux sphères données sont orthogonales à une sphère déterminée.*

Soient deux sphères, la première de centre α_1 et de rayon r_1, la seconde de centre α_2 et rayon r_2; soit β le centre d'une sphère de rayon r qui coupe la première sous l'angle A_1, la seconde sous l'angle A_2. On exprime ces conditions en posant

$$(\beta - \alpha_1)^2 + r_1^2 + r^2 = 2\,rr_1\cos A_1,$$
$$(\beta - \alpha_2)^2 + r_2^2 + r^2 = 2\,rr_2\cos A_2.$$

Pour abréger les écritures, nous poserons

$$r_1\cos A_1 = a_1, \qquad r_2\cos A_2 = a_2,$$

et nous aurons

$$a_2(\beta - \alpha_1)^2 - a_1(\beta - \alpha_2)^2 + a_2 r_1^2 - a_1 r_2^2 + (a_2 - a_1)r^2 = 0$$

ou, en développant,

$$(a_2 - a_1)\beta^2 - 2\,S\,\beta(a_2\alpha_1 - a_1\alpha_2)$$
$$+ a_2\alpha_1^2 + a_1\alpha_2^2 + a_2 r_1^2 - a_1 r_2^2 + (a_2 - a_1)r^2 = 0,$$

c'est-à-dire

$$(a_2 - a_1)\left[\left(\beta - \frac{a_2\alpha_1 - a_1\alpha_2}{a_2 - a_1}\right)^2\right.$$
$$\left. + r^2 + \frac{a_2(\alpha_1^2 + r_1^2) - a_1(\alpha_2^2 + r_2^2)}{a_2 - a_1} - \left(\frac{a_2\alpha_1 - a_1\alpha_2}{a_2 - a_1}\right)^2\right] = 0,$$

et en supposant $a_2 \neq a_1$, c'est-à-dire $r_1\cos A_1 \neq r_2\cos A_2$, on a

$$(\beta - \alpha)^2 + r^2 + b^2 = 0,$$

α étant un vecteur et b une longueur, cette relation exprime que la sphère variable de centre β et de rayon r est orthogonale à la sphère fixe de centre α et de rayon b.

108. Exercice. — *Lieu des centres des sphères tangentes à deux droites.*
— Le centre d'une de ces sphères doit être équidistant des deux droites données

Nous avons déjà trouvé le lieu des points équidistants de deux droites. Voici une nouvelle solution. Conservons les mêmes notations et les mêmes axes qu'au n° 54, 2°.

Soit ρ le vecteur du centre d'une sphère de rayon R ; on doit avoir

$$T(\ \ \alpha + \lambda\beta - \rho) = R,$$
$$T(-\lambda + \alpha\gamma - \rho) = R ;$$

il faut déterminer λ de façon que les droites rencontrent chacune la sphère en deux points confondus. Développons les équations précédentes en tenant compte des conditions

$$S\alpha\beta = 0, \qquad S\alpha\gamma = 0,$$

et nous supposerons

$$\beta^2 = -1, \qquad \gamma^2 = -1.$$

Pour la première droite on aura

$$(\alpha - \rho)^2 + \lambda^2\beta^2 + 2\lambda S(\alpha - \rho)\beta + R^2 = 0$$

à cause de

$$S(\alpha - \rho)\beta = -S\rho\beta,$$

on peut écrire

$$\lambda^2\beta^2 - 2\lambda S\beta\rho + (\alpha - \rho)^2 + R^2 = 0.$$

Les deux racines de cette équation doivent être égales, ce qui donne

$$S^2\beta\rho + (\alpha - \rho)^2 + R^2 = 0.$$

L'équation relative à la seconde droite est

$$S^2\gamma\rho + (\alpha + \rho)^2 + R^2 = 0.$$

En éliminant le rayon variable R, on obtient l'équation du lieu

$$S^2(\beta - \gamma)\rho - 4\alpha\rho = 0,$$

en posant

$$\alpha = hk,$$
$$\beta = i\cos\theta + j\sin\theta,$$
$$\gamma = i\cos\theta - j\sin\theta,$$

on achèvera la solution.

109. Triangles sphériques. — Soient ABC un triangle sphérique et A′B′C′ son triangle polaire ; O le centre de la sphère de rayon égal à l'unité ; α, β, γ les vecteurs $\overline{OA}$, $\overline{BO}$, $\overline{OC}$; α', β', γ' les vecteurs $\overline{OA'}$, $\overline{OB'}$, $\overline{OC'}$, on a

$$\beta\gamma = -\cos a + \alpha'\sin a,$$
$$\gamma\alpha = -\cos b + \beta'\sin b,$$
$$\alpha\beta = -\cos c + \gamma'\sin c.$$

On sait que $a' = \pi - A$, $b' = \pi - B$, $c' = \pi - C$, il en résulte que

$$\beta'\gamma' = \cos A + \alpha \sin A,$$
$$\gamma'\alpha' = \cos B + \beta \sin B,$$
$$\alpha'\beta' = \cos C + \gamma \sin C.$$

Fig. 13.

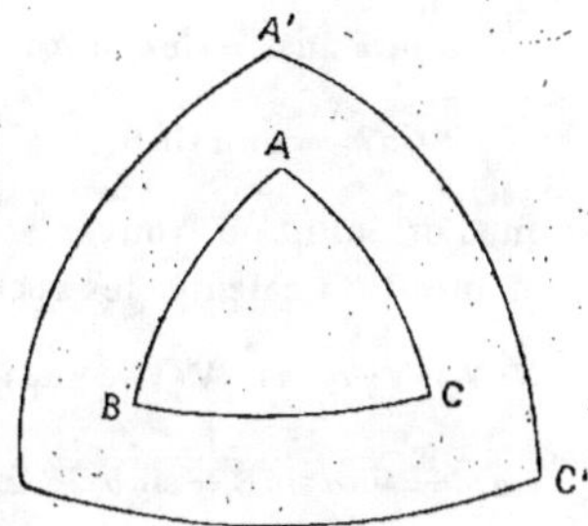

Cela étant, on a

$$S\gamma\alpha.\alpha\beta = - S\gamma\beta.$$

Or

$$S\gamma\alpha_,\alpha\beta = \cos b \cos c + \sin b \sin c\, S\beta'\gamma',$$
$$- S\gamma\beta = \cos a,$$
$$S\beta'\gamma' = \cos A,$$

donc

$$\cos a = \cos b \cos c + \sin b \sin c \cos A.$$

On sait que

$$V(V\alpha\beta.V\beta\gamma) = - \beta S\alpha\beta\gamma.$$

Or

$$V\alpha\beta = \gamma' \sin c,$$
$$V\beta\gamma = \alpha' \sin a,$$
$$V\gamma'\alpha' = \beta \sin B,$$

donc

$$V(V\alpha\beta\, V\beta\gamma) = \beta \sin a \sin c \sin B.$$

D'autre part,

$$S\alpha\beta\gamma = S(- \cos c + \gamma' \sin c)\gamma$$
$$= S\gamma\gamma' \sin c.$$

Si l'on nomme h_c le complément de l'arc de grand cercle $C'C$, c'est-à-dire ce qu'on peut appeler la hauteur sphérique relative au sommet C dans le triangle ABC, on a

$$S\gamma\gamma' = - \cos(\gamma, \gamma') = - \sin h_c,$$

donc
$$\mathrm{S}\,\gamma\gamma'\sin c = -\sin c \sin h_c,$$

donc
$$\mathrm{S}\,\alpha\beta\gamma = \sin c \sin h;$$

en substituant les valeurs trouvées dans $\mathrm{V}(\mathrm{V}\alpha\beta\,\mathrm{V}\beta\gamma) = -\beta\,\mathrm{S}\,\alpha\beta\gamma$, et supprimant le facteur commun β, on obtient

$$\sin a \sin c \sin \mathrm{B} = \sin c \sin h_c,$$

d'où
$$\sin h_c = \sin a \sin \mathrm{B}.$$

Mais remarquons que l'on aurait pu trouver $\mathrm{S}\,\alpha\beta\gamma$ en calculant $\mathrm{S}\,\beta\gamma\alpha$ ou $\mathrm{S}\,\gamma\alpha\beta$. De même on aurait pu calculer les vecteurs

$$\mathrm{V}(\mathrm{V}\beta\gamma\,\mathrm{V}\gamma\alpha) \quad \text{et} \quad \mathrm{V}(\mathrm{V}\gamma\alpha\,\mathrm{V}\alpha\beta).$$

Il en résulte que
$$\sin h_c = \sin a \sin \mathrm{B} = \sin b \sin \mathrm{A},$$

on a donc les égalités connues

$$\frac{\sin a}{\sin \mathrm{A}} = \frac{\sin b}{\sin \mathrm{B}} = \frac{\sin c}{\sin \mathrm{C}}.$$

On a aussi
$$\sin h_a = \sin c \sin \mathrm{B} = \frac{\sin c \sin b}{\sin a}\sin \mathrm{A}.$$

110. Reprenons l'identité

$$\mathrm{V}\,\alpha\beta\gamma = \alpha\,\mathrm{S}\,\beta\gamma - \beta\,\mathrm{S}\,\gamma\alpha + \gamma\,\mathrm{S}\,\alpha\beta,$$

et élevons les deux membres au carré. Pour obtenir le carré du second membre on doit, comme on sait, calculer le produit

$$(\alpha\,\mathrm{S}\,\beta\gamma - \beta\,\mathrm{S}\,\gamma\alpha + \gamma\,\mathrm{S}\,\alpha\beta)(\alpha\,\mathrm{S}\,\beta\gamma - \beta\,\mathrm{S}\,\gamma\alpha + \gamma\,\mathrm{S}\,\alpha\beta),$$

on obtient
$$\begin{aligned}
&- \mathrm{S}^2\alpha\beta - \mathrm{S}^2\beta\gamma - \mathrm{S}^2\gamma\alpha - (\alpha\beta + \beta\alpha)\,.\,\mathrm{S}\,\beta\gamma\,\mathrm{S}\,\gamma\alpha \\
&\qquad - (\beta\gamma + \gamma\beta)\,.\,\mathrm{S}\,\alpha\beta\,\mathrm{S}\,\alpha\gamma \\
&\qquad + (\alpha\gamma + \gamma\alpha)\,.\,\mathrm{S}\,\alpha\beta\,\mathrm{S}\,\gamma\beta;
\end{aligned}$$

en remplaçant $\alpha\beta + \beta\alpha$ par $2\,\mathrm{S}\,\alpha\beta$ et pareillement

$$\beta\gamma + \gamma\beta \quad \text{par} \quad 2\,\mathrm{S}\,\beta\gamma, \qquad \alpha\gamma + \gamma\alpha \quad \text{par} \quad 2\,\mathrm{S}\,\gamma\alpha,$$

on a
$$-(\mathrm{V}\,\alpha\beta\gamma)^2 = \mathrm{S}^2\alpha\beta + \mathrm{S}^2\beta\gamma + \mathrm{S}^2\gamma\alpha + 2\,\mathrm{S}\,\alpha\beta\,\mathrm{S}\,\beta\gamma\,\mathrm{S}\,\gamma\alpha.$$

D'autre part,

$$\alpha\beta\gamma = S\,\alpha\beta\gamma + V\,\alpha\beta\gamma,$$
$$K\,\alpha\beta\gamma = S\,\alpha\beta\gamma - V\,\alpha\beta\gamma;$$

en multipliant membre à membre, il vient

$$T^2\alpha\beta\gamma = (S\,\alpha\beta\gamma)^2 - (V\,\alpha\beta\gamma)^2$$

et, à cause de

$$S^2\alpha\beta\gamma = 1,$$

on en tire

$$-(V\,\alpha\beta\gamma)^2 = 1 - (S\,\alpha\beta\gamma)^2.$$

Mais nous avons trouvé

$$S\,\alpha\beta\gamma = \sin a \sin h_a;$$

on a donc

$$1 = \cos^2 a + \cos^2 b + \cos^2 c - 2\cos a \cos b \cos c$$
$$= \sin^2 a \sin^2 h_a = \sin^2 a \sin^2 b \sin^2 C$$
$$= \sin^2 b \sin^2 c \sin^2 A$$
$$= \sin^2 c \sin^2 a \sin^2 B.$$

CHAPITRE IV.

CONIQUES.

---

111. Ellipse. — Considérons une ellipse rapportée à ses axes. Si nous appelons α et β deux vecteurs-unités de longueurs a, b, portés

Fig. 14.

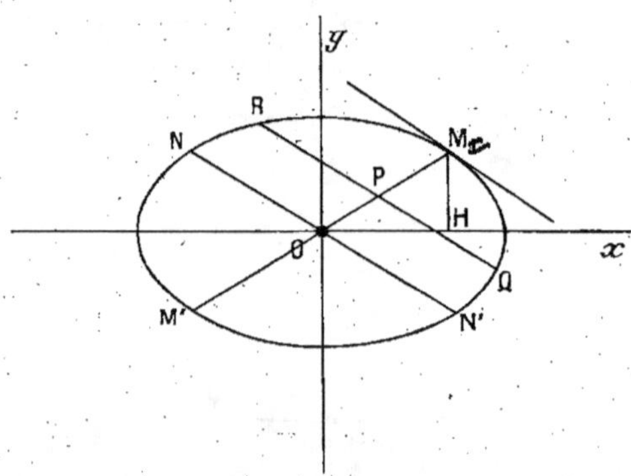

respectivement par Ox et Oy, les coordonnées d'un point M de cette ellipse peuvent s'exprimer au moyen de l'angle d'anomalie φ par les formules

$$x = a\cos\varphi, \qquad y = b\sin\varphi.$$

Les vecteurs $\overline{OH}$ et $\overline{HM}$ peuvent s'exprimer au moyen de i et de j :

$$\overline{OH} = ia\cos\varphi, \qquad \overline{HM} = jb\sin\varphi,$$

et par suite le vecteur ρ qui définit M est

$$\rho = i.a\cos\varphi + j.b\sin\varphi.$$

On en déduit, en regardant ρ comme fonction de φ,

$$d\rho = (-\,i\,.\,a\sin\varphi + j\,.\,b\cos\varphi)\,d\varphi,$$

ce qui donne la direction de la tangente en M; or on peut poser

$$d\rho = \left[ia\cos\left(\varphi + \frac{\pi}{2}\right) + jb\sin\left(\varphi + \frac{\pi}{2}\right)\right]d\varphi,$$

ce qui prouve que la tangente en M est parallèle au vecteur ON qui correspond à l'angle $\varphi + \frac{\pi}{2}$.

112. Diamètres. — Cherchons le lieu des milieux des cordes parallèles à la tangente en M. Un point d'une de ces cordes a pour vecteur

$$\rho = \lambda(ia\cos\varphi + jb\sin\varphi) + \mu(-ia\sin\varphi + jb\cos\varphi),$$

c'est-à-dire

$$\rho = ia(\lambda\cos\varphi - \mu\sin\varphi) + jb(\lambda\sin\varphi + \mu\cos\varphi).$$

Pour que le point extrémité de ce vecteur soit sur l'ellipse, il faut et il suffit qu'il existe un angle φ' tel que

$$\lambda\cos\varphi - \mu\sin\varphi = \cos\varphi',$$
$$\lambda\sin\varphi + \mu\cos\varphi = \sin\varphi',$$

on doit donc avoir

$$\lambda^2 + \mu^2 = 1.$$

Si l'on se donne λ, c'est-à-dire le point P sur OM par lequel on mène la corde parallèle à la tangente en M on aura

$$\mu = \pm\sqrt{1 - \lambda^2},$$

ce qui exprime que le point P est le milieu de la corde QR. Le lieu des milieux des cordes parallèles à la tangente en PA est le diamètre MM'.

Cela étant, la tangente en N est parallèle au vecteur qui correspond à $\theta + \frac{\pi}{2} + \frac{\pi}{2}$, donc parallèle au vecteur OM ou à son opposé. Donc le lieu des milieux des cordes parallèles au diamètre MM' est le diamètre NN'.

On reconnaît en même temps que les tangentes aux extrémités d'un même diamètre sont parallèles. En effet M′ correspond à $\varphi + \pi$:

$$\rho' = -\rho, \qquad d\rho' = -d\rho.$$

Les diamètres MM′, NN′ sont des diamètres conjugués. On sait que la relation $\varphi' = \varphi + \dfrac{\pi}{2}$ correspond à la relation $mm' = -\dfrac{b^2}{a^2}$ entre les coefficients angulaires.

113. Théorèmes d'Apollonius. — Posons

$$T\,\overline{OM} = a', \qquad T\,\overline{ON} = b',$$

on a

$$-a'^2 = \rho^2 = -a^2 \cos^2 \varphi - b^2 \sin^2 \varphi$$

ou

$$a'^2 = a^2 \cos^2 \varphi + b^2 \sin^2 \varphi$$

et aussi

$$b'^2 = a^2 \sin^2 \varphi + b^2 \cos^2 \varphi,$$

donc

$$a'^2 + b'^2 = a^2 + b^2.$$

On a ensuite

$$V\,\overline{OM}.\overline{ON} = ka'b' \sin \theta,$$

θ désignant l'angle MON.

Mais en posant

$$\rho = ia \cos\varphi + jb \sin\varphi,$$
$$\rho' = -ia \sin\varphi + jb \cos\varphi,$$

on a

$$V\,\overline{OM}.\overline{ON} = V\rho\rho' = kab,$$

donc

$$a'b' \sin\theta = ab,$$

on a ainsi démontré les deux théorèmes d'Apollonius.

114. Considérons le rectangle CD.C′D′ formé par les tangentes aux sommets.

En A par exemple, $\varphi = 0$; la tangente en A est parallèle au vecteur $-ia \sin 0 + jb \cos 0$, ou jb, elle est donc bien perpendiculaire au diamètre AA′, et de même pour les tangentes en B et B′, celles-ci sont perpendiculaires à BB′.

Cherchons la valeur de φ qui correspond à OC ; le vecteur de C est égal à $ia + jb$; si OC coupe l'ellipse en M, on a pour ce point

$$ia + jb = \lambda(ia \cos\varphi + jb \sin\varphi),$$

d'où

$$\cos \varphi = \sin \varphi = \frac{1}{\sqrt{2}}, \qquad \varphi = \frac{\pi}{4},$$

donc

$$\lambda = \sqrt{2}.$$

On verra de même pour OM′

$$- ia + jb = \lambda'(ia \cos \varphi' + jb \sin \varphi'),$$

$$\cos \varphi' = - \sin \varphi', \qquad \lambda' = \sqrt{2}; \qquad \varphi' = \frac{\pi}{4} - \frac{\pi}{2}.$$

Fig. 15.

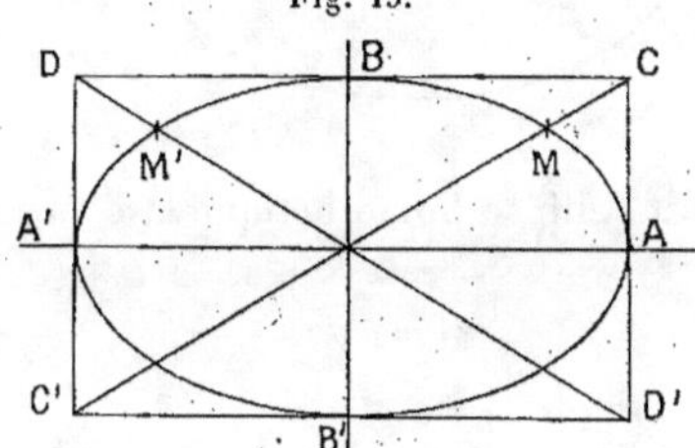

Il en résulte que OM et OM′ sont deux demi-diamètres conjugués, leurs longueurs sont égales à $\sqrt{\dfrac{a^2 + b^2}{2}}$; le second théorème d'Apollonius donne leur angle.

115. Problème. — *Trouver le lieu des points de rencontre des tangentes menées aux extrémités de deux diamètres conjugués.*

Soit R le point de rencontre des tangentes menées au point $\mathrm{M}(\varphi)$ et $\mathrm{N}\left(\varphi + \dfrac{\pi}{2}\right)$.

On a pour le point R

$$\rho = ia \cos \varphi + jb \sin \varphi + ia \cos \left(\varphi + \frac{\pi}{2}\right) + jb \sin \left(\varphi + \frac{\pi}{2}\right),$$

c'est-à-dire

$$\rho = ia \left[\cos \varphi + \cos \left(\varphi + \frac{\pi}{2}\right)\right] + jb \left[\sin \varphi + \sin \left(\varphi + \frac{\pi}{2}\right)\right]$$

ou

$$\rho = 2 ia \cos \frac{\pi}{4} \cos \left(\varphi + \frac{\pi}{4}\right) + 2 jb \sin \frac{\pi}{4} \sin \left(\varphi + \frac{\pi}{4}\right).$$

Si l'on pose

$$a_1 = a\sqrt{2}, \qquad b_1 = b\sqrt{2},$$

Fig. 16.

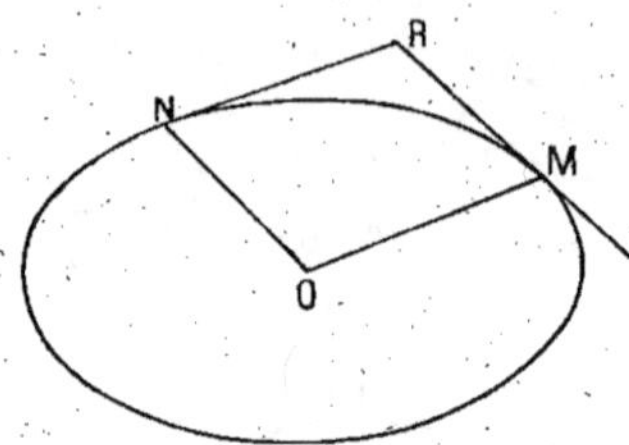

on voit que le lieu est l'ellipse homothétique et concentrique dans le rapport $\sqrt{2}$, car

$$\rho_1 = \rho\sqrt{2}.$$

116. Foyers. — Reprenons l'équation d'une ellipse sous la forme

$$\rho = ia\cos\varphi + jb\sin\varphi,$$

et soit sur le grand axe le point E dont le vecteur est ci.

M étant le point de l'ellipse qui correspond à l'angle φ, appelons r le rayon $\overline{FM}$, on a

$$r = \rho - ci,$$

d'où

$$r^2 = \rho^2 - c^2 - 2c\,Si\rho,$$

et par suite,

$$T^2 r = a^2\cos^2\varphi + b^2\sin^2\varphi + c^2 - 2ac\cos\varphi$$
$$= (a^2 - b^2)\cos^2\varphi + b^2 + c^2 - 2ac\cos\varphi.$$

Déterminons c par la condition

$$c^2 = a^2 - b^2.$$

Dans cette hypothèse

$$T^2 r = (a - c\cos\varphi)^2,$$

et par suite,

$$T r = a - c\cos\varphi.$$

De même si l'on prend F' dont le vecteur est $-ci$, et si $r' = \overline{F'M}$, on aura

$$T\,r' = a + c\cos\varphi.$$

En remarquant que $T\,r = FM$, $T\,r' = F'M$ on a

$$FM + F'M = 2\,a,$$

F et F' sont les foyers réels.

117. Propriété focale de la tangente. — Considérons les vecteurs $\overline{FM}$ et $\overline{MF'}$:

$$\overline{FM} = \rho - \overline{OF}$$
$$= i(a\cos\theta - c) + jb\sin\theta,$$
$$\overline{MF'} = - i(a\cos\theta + c) - jb\sin\theta.$$

La direction de la bissectrice intérieure de l'angle (FM, MF') est donnée par

$$U\,\overline{FM} + U\,\overline{MF'},$$

soit

$$\frac{i(a\cos\theta - c) + jb\sin\theta}{a - c\cos\theta} - \frac{i(a\cos\theta + c) + jb\sin\theta}{a + c\cos\theta};$$

en réduisant au même dénominateur et négligeant un facteur scalaire, on trouve

$$- ia\sin\theta + jb\cos\theta,$$

c'est-à-dire le vecteur parallèle à la tangente en M. La tangente en M est donc la bissectrice de l'angle (FM, MF').

118. Polaire d'un point. — Définissant encore une ellipse par une équation de la forme

$$\rho = ia\cos\varphi + jb\sin\varphi,$$

cherchons les tangentes données par un point ρ_1. Le vecteur

$$- ia\sin\varphi + jb\cos\varphi$$

est parallèle à la tangente en M ; cette tangente a donc pour équation

$$\rho = ia(\cos\varphi - \lambda\sin\varphi) + jb(\sin\varphi + \lambda\cos\varphi);$$

pour qu'elle passe par le point $\rho_1 = i x_1 + j y_1$, il faut et il suffit que

$$x_1 = a(\cos\varphi - \lambda\sin\varphi),$$
$$y_1 = b(\sin\varphi + \lambda\cos\varphi);$$

en éliminant α on trouve

$$\frac{x_1}{a}\cos\varphi - \frac{y_1}{a}\sin\varphi = 1;$$

en résolvant cette équation en φ, on aurait les valeurs de l'angle qui correspond aux deux points de contact. Si x et y sont les coordonnées d'un point de contact, on a

$$\cos\varphi = \frac{x}{a}, \qquad \sin\varphi = \frac{y}{b},$$

ce qui montre que les points de contact des tangentes issues de ρ_1 sont sur la droite ayant pour équation

$$\frac{x x_1}{a^2} + \frac{y y_1}{b^2} = 1.$$

On a facilement la valeur de λ, car

$$\frac{x_1^2}{a^2} + \frac{y_1^2}{b^2} = (\cos\varphi - \lambda\sin\varphi)^2 + (\sin\varphi + \lambda\cos\varphi)^2 = 1 + \lambda^2,$$

d'où

$$\lambda = \pm\sqrt{\frac{x_1^2}{a^2} + \frac{y_1^2}{b^2} - 1},$$

ce qui exige, pour la réalité,

$$\frac{x_1^2}{a^2} + \frac{y_1^2}{b^2} > 1.$$

119. Tangentes parallèles à une direction donnée. — Soit $il + jm$ le vecteur de la direction donnée et soit φ le paramètre d'un point de contact, il faut que les vecteurs

$$-ia\sin\varphi + jb\cos\varphi$$

et le vecteur

$$il + jm$$

soient parallèles. On a donc

$$\operatorname{tang}\varphi = -\frac{bl}{am}.$$

Cette équation donne deux solutions φ' et $\varphi' + \pi$; les points de contact sont évidemment opposés et, réciproquement, les tangentes aux extrémités d'un même diamètre sont parallèles.

120. Autre forme de l'équation d'une ellipse. — Une ellipse rapportée à ses axes ayant pour équation

$$\frac{x^2}{a^2} + \frac{y^2}{b^2} = 1,$$

nous poserons

$$\rho = ix + jy,$$

$$\varphi(\rho) = -i\frac{x}{a^2} - j\frac{y}{b^2},$$

et par suite, l'équation de l'ellipse pourra se mettre sous la forme

$$S\rho\,\varphi(\rho) = 1.$$

La fonction $\varphi(\rho)$ est linéaire. Elle jouit des propriétés suivantes :

1° Si l'on pose

$$\rho = p\,\rho_1 + q\,\rho_2,$$

ce qui revient à poser

$$x = p\,x_1 + q\,x_2,$$
$$y = p\,y_1 + q\,y_2,$$

on aura

$$\varphi(\rho) = \varphi(p\,\rho_1 + q\,\rho_2) = p\,\varphi(\rho_1) + q\,\varphi(\rho_2).$$

2°
$$S\rho_1\,\varphi(\rho_2) = S\rho_2\,\varphi(\rho_1),$$

car chacune de ces expressions a pour valeur

$$-\left(\frac{x_1 x_2}{a^2} + \frac{y_1 y_2}{b^2}\right).$$

Cette propriété correspond à une propriété des fonctions homogènes du second degré; si l'on pose

$$\psi(x, y) = \frac{x^2}{a^2} + \frac{y^2}{b^2},$$

on a

$$x_1 \psi'_x + y_1 \psi'_y = x \psi'_{x_1} + y \psi'_{y_1}.$$

3°
$$S\rho\,\varphi(d\rho) = S\,d\rho\,\varphi(\rho),$$

car

$$d\rho = i\,dx + j\,dy,$$
$$S\rho\,\varphi(d\rho) = -(x\,dx + y\,dy) = S\,d\rho\,\varphi(\rho).$$

$4°$
$$S \rho\, d\, \varphi(\rho) = S\, d\rho\varphi(\rho)$$

car
$$d\, \varphi(\rho) = \varphi(d\rho).$$

Remarquons encore que si
$$q = S\,q + V\,q,$$
on a
$$dq = dS\,q + dV\,q,$$
d'où
$$S\, dq = dS\,q,$$
$$V\, dq = dV\,q.$$

121. Tangente à l'ellipse. — En différentiant l'équation
$$S_\rho\, \varphi(\rho) = 1,$$
on a
$$dS \rho\, \varphi(\rho) = 0;$$
or
$$d\, \rho\, \varphi(\rho) = d\rho\, \varphi(\rho) + \rho\, d\varphi(\rho),$$
$$S\, d\rho\, \varphi(\rho) = S\, d\rho\, \varphi(\rho) + S\rho\, d\, \varphi(\rho) = 2S\, d\rho\, \varphi(\rho) = 2S\, \varphi(\rho)\, d\rho,$$

on a donc
$$S\, \varphi(\rho)\, d\rho = 0.$$

Il en résulte que $\varphi(\rho)$ donne la direction de la normale en $M(\rho)$.

Vérification. — Soient (x_1, y_1) les coordonnées d'un point de l'ellipse. On sait que la tangente en M a pour équation
$$\frac{xx_1}{a^2} + \frac{yy_1}{b^2} = 1,$$

la normale en M a pour équation
$$\frac{x - x_1}{\left(\dfrac{x_1}{a^2}\right)} = \frac{y - y_1}{\left(\dfrac{y_1}{b^2}\right)},$$

la normale est donc parallèle au vecteur
$$i\,\frac{x_1}{a^2} + j\,\frac{y_1}{b^2}.$$

122. Équation de la tangente en $M(\rho_1)$. — Soit ρ un point quelconque P de la tangente. Il suffit d'écrire que le vecteur $\rho - \rho_1$ est perpendiculaire au vecteur $\varphi(\rho_1)$. Soit

$$S(\rho - \rho_1)\,\varphi(\rho_1) = 0$$

ou

$$S\rho\,\varphi(\rho_1) = S\rho_1\,\varphi(\rho_1) = 1.$$

L'équation demandée est donc

$$S\rho\,\varphi(\rho_1) = 1$$

ou, aussi bien,

$$S\rho_1\,\varphi(\rho) = 1,$$

et en effet chacune de ces équations, traduite en coordonnées, n'est autre que

$$\frac{xx_1}{a^2} + \frac{yy_1}{b^2} = 1.$$

123. Polaire d'un point. — Soit ρ_1 le point donné. Appelons ρ' le vecteur d'un point de l'ellipse. La tangente en ce point a pour équation

$$S\rho'\,\varphi(\rho) = 1.$$

Pour qu'elle passe par le point ρ_1 on pose

$$S\rho'\,\varphi(\rho_1) = 1.$$

Le point ρ' est donc sur la droite ayant pour équation

$$S\rho\,\varphi(\rho_1) = 1.$$

C'est l'équation demandée

124. Diamètres conjugués — Cherchons le lieu des milieux des cordes parallèles à une direction donnée.

Soient α le vecteur d'un point du lieu et β la direction donnée. Le vecteur d'un point de la corde considérée est

$$\alpha + x\beta\,;$$

pour avoir les extrémités de la corde il faut déterminer x par la condition

$$S(\alpha + x\beta)\,\varphi(\alpha + x\beta) = 1.$$

Développant, nous obtenons

$$x^2\beta^2 + 2x\,S\alpha\,\varphi(\beta) + S\alpha\beta - 1 = 0\,;$$

pour que le point α soit le milieu de la corde, il faut et il suffit que les deux racines de l'équation précédente soient opposées, c'est-à-dire

$$S \alpha \varphi(\beta) = 0.$$

Le point α est donc sur la droite ayant pour équation

$$S \rho \varphi(\beta) = 0,$$

elle représente un diamètre

$$S \alpha \varphi(\beta) = 0.$$

L'équation pouvant s'écrire

$$S \beta \varphi(\alpha) = 0,$$

on voit que le lieu des milieux des cordes parallèles à β est le diamètre de direction α. Les directions α, β sont conjuguées; chacun des diamètres de directions α, β partage en parties égales les cordes parallèles à l'autre.

Si l'on pose

$$\alpha = i a_1 + j b_1,$$
$$\beta = i a_2 + j b_2,$$

la condition

$$S \alpha \varphi(\beta) = 0$$

peut s'écrire

$$\frac{a_1 a_2}{a^2} + \frac{b_1 b_2}{b^2} = 0.$$

Remarquons que la tangente au point ρ' ayant pour équation

$$S \rho \varphi(\rho') = -1,$$

la parallèle à cette tangente menée par le centre aura pour équation

$$S \rho \varphi(\rho') = 0;$$

en effet, si r est le vecteur d'un point de cette parallèle, on a

$$\rho = r + \rho',$$

donc

$$S r \varphi(\rho') + S \rho' \varphi(\rho') = -1$$

c'est-à-dire

$$S r \varphi(\rho') = 0.$$

Donc le vecteur parallèle à la tangente en un point et le diamètre passant par ce point ont des directions conjuguées; on peut dire aussi que les cordes parallèles à une tangente ont leurs milieux sur le diamètre passant par le point de contact de cette tangente.

125. Intersection d'une droite et d'une ellipse. — Nous définissons la droite par deux de ses points ρ_1, ρ_2. Un point quelconque de cette droite sera l'extrémité du vecteur

$$\rho = \frac{\rho_1 + \lambda\rho_2}{1 + \lambda}.$$

Pour que ce point soit sur l'ellipse ayant pour équation

$$S\rho\, \varphi(\rho) = 1,$$

il faut et il suffit que λ soit racine de l'équation

$$S(\rho_1 + \lambda\rho_2)\, \varphi(\rho_1 + \lambda\rho_2) = (1 + \lambda)^2$$

ou

$$\lambda^2[S\rho_2\, \varphi(\rho_2) - 1] + 2\lambda S[\rho_1\, \varphi(\rho_2) - 1] + S[\rho_1\, \varphi(\rho_1) - 1] = 0.$$

126. Applications. — 1° *Polaire du point* ρ_1. — Pour que ρ_2 désigne un point conjugué de ρ_1 par rapport à l'ellipse, il faut et il suffit que les racines de l'équation en λ qu'on vient de former soient opposées. Il en résulte que la polaire de ρ_1 a pour équation

$$S\rho_1\, \varphi(\rho) = 1.$$

La conjugaison des points ρ_1, ρ_2 est exprimée par l'équation

$$S\rho_1\, \varphi(\rho_2) = 1$$

qui peut s'écrire aussi

$$S\rho_2\, \varphi(\rho_1) = 1.$$

Les propriétés élémentaires des pôles et polaires découlent de la symétrie de cette relation.

Si le point ρ_1 est sur l'ellipse, sa polaire est la tangente en ce point. En effet, soit ρ_2 un point de la polaire, posons

$$\rho = \rho_2 + r,$$

nous aurons

$$S(\rho_2 + r)\, \varphi(\rho_1) = 1$$

ou

$$S\rho_2\, \varphi(\rho_1) + S r\, \varphi(\rho_1) = 1;$$

mais ρ_1 et ρ_2 sont conjugués harmoniques par rapport à l'ellipse, donc

$$S\rho_2\, \varphi(\rho_1) = 1,$$

et par suite,

$$S r\, \varphi(\rho_1) = 0,$$

que nous écrirons, en remplaçant r par ρ,

$$S\,\rho\,\varphi(\rho_1) = 0.$$

La parallèle à la polaire menée par l'origine a pour équation

$$S\,\rho\,\varphi(\rho_1) = 0.$$

Cette relation exprime que la polaire et le diamètre passant par son pôle ont des directions conjuguées.

Donc le diamètre passant par le pôle partage en deux parties égales la corde portée par la polaire.

2° *Équation du faisceau des tangentes issues du point* ρ. — La même équation en λ va nous servir, nous écrirons que les racines sont égales et, en remplaçant ρ_2 par ρ, nous obtiendrons l'équation

$$(1) \qquad [S\,\rho\,\varphi(\rho) - 1]\,[S\,\rho_1\,\varphi(\rho_1) - 1] - [S\,\rho_1\,\varphi(\rho) - 1]^2 = 0.$$

127. L'équation du faisceau des diamètres parallèles aux tangentes est

$$(2) \qquad S\,\rho\,\varphi(\rho)\,[S\,\rho_1\,\varphi(\varphi_1) - 1] - S^2\rho_1\,\varphi(\rho) = 0,$$

on peut le voir en posant dans l'équation (1) $\rho = r + \rho_1$ et remplaçant dans l'équation obtenue, après simplification r par ρ.

128. Exercice. — 1° *Lieu des points de rencontre des tangentes menées aux extrémités de deux diamètres conjugués.* — Les équations des tangentes menées aux extrémités de deux rayons α, β étant

$$S\,\alpha\,\varphi(\rho) = 1,$$
$$S\,\beta\,\varphi(\rho) = 1,$$

nous supposons α et β conjugués. Nous pourrons donc poser

$$\rho = x + jy,$$
$$\alpha = ia\cos\varphi + jb\sin\varphi,$$
$$\beta = -ia\sin\varphi + jb\cos\varphi,$$

ce qui donne

$$S\,\alpha\,\varphi(\rho) = \frac{x}{a}\cos\varphi + \frac{y}{b}\sin\varphi,$$

$$S\,\beta\,\varphi(\rho) = -\frac{x}{a}\sin\varphi + \frac{y}{b}\cos\varphi.$$

Les équations des tangentes sont donc

$$\frac{x}{a}\cos\varphi + \frac{y}{b}\sin\varphi = 1,$$

$$\frac{x}{a}\sin\varphi - \frac{y}{b}\cos\varphi = -1;$$

en ajoutant les carrés membre à membre on obtient

$$\frac{x^2}{a^2} + \frac{y^2}{b^2} = 2.$$

2° *Cercle orthoptique de l'ellipse.* — L'équation du faisceau des parallèles aux tangentes issues du point x_0, y_0, déduite de l'équation (2), peut s'écrire, en remplaçant ρ par $ix + jy$ et ρ_1 par $ix_0 + jy_1$:

$$\left(\frac{x^2}{a^2} + \frac{y^2}{b^2}\right)\left(\frac{x_1^2}{a^2} + \frac{y_1^2}{b^2} - 1\right) - \left(\frac{xx_1}{a^2} + \frac{yy_1}{b^2}\right)^2 = 0;$$

en écrivant que la somme des coefficients de x^2 et de y^2 est nulle, on obtient

$$\frac{1}{a^2}\left(\frac{y_1^2}{b^2} - 1\right) + \frac{1}{b^2}\left(\frac{x_1^2}{a^2} - 1\right) = 0,$$

c'est-à-dire

$$x_1^2 + y_1^2 = a^2 + b^2$$

ou

$$\rho_1^2 + a^2 + b^2 = 0.$$

129. Hyperbole. — Soit

$$\frac{x^2}{a^2} - \frac{y^2}{b^2} = 1$$

l'équation d'une hyperbole rapportée à ses axes de symétrie. On peut définir un point par le vecteur

$$\rho = ia\,\mathrm{ch}\,\varphi + jb\,\mathrm{sh}\,\varphi,$$

on pourrait aussi poser

$$\rho = i\frac{a}{\cos\theta} + jb\,\mathrm{tang}\,\theta.$$

On en déduit

$$d\rho = (ia\,\mathrm{sh}\,\varphi + jb\,\mathrm{ch}\,\varphi)\,d\varphi.$$

Or

$$ia\,\mathrm{sh}\,\varphi + jb\,\mathrm{ch}\,\varphi$$

définit un point de l'hyperbole conjuguée, ayant pour équation

$$\frac{x^2}{a^2} - \frac{y^2}{b^2} = -1.$$

Si l'on emploie la seconde formule on trouve

$$d\rho = \left(- i\, \frac{a \sin\theta}{\cos^2\theta} + jb\, \frac{1}{\cos^2\theta} \right) d\theta,$$

le vecteur plan entre parenthèses est parallèle au vecteur

$$- ia \tang\theta + jb\, \frac{1}{\cos\theta},$$

dont l'extrémité est un point de l'hyperbole conjuguée.

Nous emploierons surtout les fonctions hyperboliques.

130. Diamètres. — Cherchons, comme pour l'ellipse, le lieu des milieux des cordes parallèles à une tangente. Prenons un point P sur le vecteur OM, M étant un point de l'hyperbole et menons par P un vecteur parallèle à la tangente en M, le vecteur d'un point de cette parallèle sera

$$\rho = \lambda(ia\operatorname{ch}\varphi + jb\operatorname{sh}\varphi) + \mu(ia\operatorname{sh}\varphi + jb\operatorname{ch}\varphi)$$

$$= ia(\lambda\operatorname{ch}\varphi + \mu\operatorname{sh}\varphi) + jb(\lambda\operatorname{sh}\varphi + \mu\operatorname{ch}\varphi),$$

nous poserons

$$\lambda\operatorname{ch}\varphi + \mu\operatorname{sh}\varphi = \operatorname{ch}\varphi',$$

$$\lambda\operatorname{sh}\varphi + \mu\operatorname{ch}\varphi = \operatorname{sh}\varphi',$$

ce qui exige

$$\lambda^2 - \mu^2 = 1.$$

Si l'on fait varier λ depuis $+1$ jusqu'à $+\infty$ ou depuis -1 jusqu'à $-\infty$, on voit que les valeurs de μ sont acceptables; à chaque valeur de λ correspondent deux valeurs opposées de μ, il en résulte que le diamètre MM', M' étant le symétrique de M par rapport au centre, est le lieu des milieux des cordes parallèles à la tangente en M; les points du lieu qui correspondent à des cordes réelles sont hors du segment MM'. Soit NN' le diamètre de l'hyperbole conjuguée qui est parallèle à la tangente en M à la première hyperbole. Le vecteur correspondant à N est

$$ia\operatorname{sh}\varphi + jb\operatorname{ch}\varphi,$$

donc la tangente en N à l'hyperbole conjuguée est parallèle au vecteur

$$ia\operatorname{ch}\varphi + jb\operatorname{sh}\varphi,$$

c'est-à-dire au vecteur OM. On en conclut, comme dans le cas de l'ellipse, que MM′ et NN′ sont deux diamètres conjugués. On reconnaît que les vecteurs

$$ia \operatorname{ch}\varphi + jb \operatorname{sh}\varphi$$

et

$$ia \operatorname{sh}\varphi + jb \operatorname{ch}\varphi,$$

étant conjugués, on a entre les coefficients angulaires la relation

$$m m' = \frac{b^2}{a^2}.$$

131. Théorèmes d'Apollonius. — En posant

$$OM = a, \qquad ON = a',$$

on aura

$$a'^2 = a^2 \operatorname{ch}^2\varphi + b^2 \operatorname{sh}^2\varphi,$$
$$b'^2 = a^2 \operatorname{sh}^2\varphi + b^2 \operatorname{ch}^2\varphi,$$

donc

$$a'^2 - b'^2 = a^2 - b^2.$$

En appelant ρ et ρ' les deux vecteurs $\overline{OM}$, $\overline{ON}$ on a

$$TV_{\rho\rho'} = a'b' \sin\theta,$$

mais aussi

$$TV_{\rho\rho'} = ab,$$

donc

$$ab = a'b' \sin\theta,$$

θ étant l'angle MON.

132. Asymptotes. — Considérons les deux vecteurs

$$\rho = ia \operatorname{ch}\varphi + jb \operatorname{sh}\varphi,$$
$$\rho' = ia \operatorname{sh}\varphi + jb \operatorname{ch}\varphi;$$

on peut écrire

$$\rho = \operatorname{ch}\varphi(ia + jb \operatorname{th}\varphi),$$
$$\rho' = \operatorname{ch}\varphi(ia \operatorname{th}\varphi + jb),$$

ρ et ρ' ont donc les mêmes directions que les vecteurs

$$ia + jb \operatorname{th}\varphi,$$
$$ia \operatorname{th}\varphi + jb.$$

Si φ augmente indéfiniment, M et N s'éloignent indéfiniment, mais

les droites OM, ON ont la même direction limite qui est celle du vecteur

$$ia + jb.$$

Là tangente en M étant parallèle à ON, on voit que cette tangente a même limite que OM, c'est-à-dire le vecteur

$$ia + jb.$$

On verra de même que la droite définie par le vecteur

$$ia - jb$$

est aussi asymptote.

Si l'on construit un parallélogramme sur OM et ON, les deux autres côtés étant les tangentes en M et N, on a pour le quatrième sommet P

$$\rho = ia\,\mathrm{ch}\,\varphi + jb\,\mathrm{sh}\,\varphi + ia\,\mathrm{sh}\,\varphi + jb\,\mathrm{ch}\,\varphi,$$

c'est-à-dire

$$\rho = (ia + jb)(\mathrm{ch}\,\varphi + \mathrm{sh}\,\varphi);$$

le lieu de P est donc l'asymptote

$$ia + jb.$$

On verra de même que les tangentes en N et M' se rencontrent sur

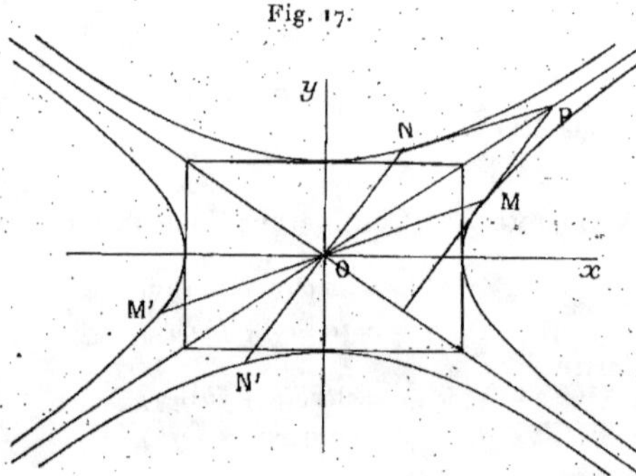

Fig. 17.

la seconde asymptote.

133. Foyers. — Prenons sur Ox le vecteur ci et posons $\overline{\mathrm{FM}} = r$, on a

$$r = \rho - ci;$$

en faisant un calcul analogue à celui qui concerne l'ellipse, on obtient

$$\mathrm{T}\,r^2 = (a^2 + b^2)\,\mathrm{ch}^2\varphi - b^2 + c^2 - 2ac\,\mathrm{ch}\varphi,$$

et si l'on pose

$$c^2 = a^2 + b^2,$$
$$\mathrm{T}\,r^2 = (c\,\mathrm{ch}\varphi - a)^2,$$

d'où

$$\mathrm{T}\,r = c\,\mathrm{ch}\varphi - a.$$

Pareillement si F' est l'extrémité du vecteur $-ci$, on trouvera, en posant $\overline{\mathrm{F}'\mathrm{M}} = r'$,

$$\mathrm{T}\,r' = c\,\mathrm{ch}\varphi + a,$$

d'où

$$\mathrm{F}'\mathrm{M} - \mathrm{F}\mathrm{M} = 2\,a.$$

On verrait de même, M' étant sur l'autre branche, que

$$\mathrm{F}\mathrm{M}' - \mathrm{F}'\mathrm{M}' = 2\,a.$$

134. Propriété focale de la tangente. — On a

$$\overline{\mathrm{F}\mathrm{M}} = i(a\,\mathrm{ch}\varphi - c) + jb\,\mathrm{sh}\varphi,$$
$$\mathrm{F}'\mathrm{M} = i(a\,\mathrm{ch}\varphi + c) + jb\,\mathrm{sh}\varphi.$$

La direction de la bissectrice de l'angle $(\mathrm{F}\mathrm{M}, \mathrm{F}'\mathrm{M})$ est donnée par le vecteur

$$\mathrm{U}\,\overline{\mathrm{F}\mathrm{M}} + \mathrm{U}\,\mathrm{F}'\mathrm{M}$$

ou

$$\frac{i(a\,\mathrm{ch}\varphi - c) + jb\,\mathrm{sh}\varphi}{i\,\mathrm{ch}\varphi - a} + \frac{i(a\,\mathrm{ch}\varphi + c) + jb\,\mathrm{sh}\varphi}{i\,\mathrm{ch}\varphi + a};$$

en réduisant, on trouve à un facteur scalaire près

$$ia\,\mathrm{sh}\varphi + jb\,\mathrm{ch}\varphi,$$

c'est-à-dire un vecteur parallèle à la tangente en M. Cette tangente est donc la bissectrice intérieure de l'angle $(\mathrm{F}\mathrm{M}, \mathrm{F}'\mathrm{M})$.

135. Polaire d'un point. — En procédant comme pour l'ellipse, on voit que la tangente en M est définie par l'équation

$$\rho = ia(\mathrm{ch}\varphi + \lambda\,\mathrm{sh}\varphi) + jb(\mathrm{sh}\varphi + \lambda\,\mathrm{ch}\varphi);$$

en écrivant qu'elle passe par le point

$$\rho_1 = ix_1 + jy_1,$$

on doit poser

$$x_1 = a(\operatorname{ch}\varphi + \lambda\operatorname{sh}\varphi),$$
$$y_1 = b(\operatorname{sh}\varphi + \lambda\operatorname{ch}\varphi).$$

En éliminant λ on trouve

$$\frac{x_1}{a}\operatorname{ch}\varphi - \frac{y_1}{b}\operatorname{sh}\varphi = 1,$$

équation qui représente la polaire du point ρ_1.

Les coordonnées du point de contact de l'une ou l'autre des tangentes doivent donc vérifier l'équation

$$\frac{xx_1}{a^2} - \frac{yy_1}{b^2} = 1,$$

on trouve

$$\lambda = \pm\sqrt{1 - \frac{x_1^2}{a^2} + \frac{y_1^2}{b^2}},$$

ce qui donne la condition

$$\frac{x_1^2}{a^2} - \frac{y_1^2}{b^2} < 1.$$

136. Autre forme de l'équation d'une hyperbole. — L'équation cartésienne étant

$$\frac{x^2}{a^2} - \frac{y^2}{b^2} = 1,$$

si l'on pose

$$\rho = ix + jy,$$
$$\varphi(\rho) = -i\frac{x}{a^2} + j\frac{y}{b^2},$$

on a

$$S\rho\,\varphi(\rho) = \frac{x^2}{a^2} - \frac{y^2}{b^2};$$

l'équation de l'hyperbole peut donc se mettre sous la forme

$$S\rho\,\varphi(\rho) = 1.$$

L'hyperbole conjuguée a pour équation

$$S\rho\,\varphi(\rho) = -1.$$

La nouvelle fonction $\varphi(\rho)$ jouit des mêmes propriétés que celle qui nous a servi pour l'ellipse.

Le faisceau des deux asymptotes a pour équation

$$S\rho\,\varphi(\rho) = 0.$$

Tangente à l'hyperbole. — Même calcul que pour l'ellipse. On a encore

$$S\,\varphi(\rho)\,d\rho = 0,$$

le vecteur $\varphi(\rho)$, où ρ a pour extrémité un point M de l'hyperbole, donne la direction de la normale en M. On le vérifie comme pour l'ellipse.

137. Équation de la tangente en un point $\mathbf{M}(\rho_1)$. — Comme pour l'ellipse, on trouve

$$S\rho\,\varphi(\rho_1) = 1$$

ou, aussi bien,

$$S\rho_1\,\varphi(\rho) = 1,$$

et pour l'hyperbole conjuguée,

$$S\rho\,\varphi(\rho_1) = -1$$

ou

$$S\rho_1\,\varphi(\rho) = -1.$$

138. Polaire d'un point P. — Appelons ρ_1 le vecteur qui définit le point P et soit ρ' celui d'un point M de l'hyperbole. La tangente en M a pour équation

$$S\rho'\,\varphi(\rho) = \varepsilon,$$

en supposant $\varepsilon = +1$ pour l'hyperbole donnée, $\varepsilon = -1$ pour la conjuguée.

Pour que cette tangente passe par le point P on doit écrire

$$S\rho'\,\varphi(\rho_1) = \varepsilon.$$

Le point M est donc sur la droite ayant pour équation

$$S\rho\,\varphi(\rho_1) = \varepsilon.$$

139. Mener à une hyperbole une tangente parallèle à une direction donnée. — Si le vecteur de la direction donnée est

$$il + jm,$$

il faudra déterminer φ tel que le vecteur

$$ia\,\mathrm{sh}\,\varphi + jb\,\mathrm{ch}\,\varphi$$

soit parallèle au premier, ce qui donne la condition

$$\mathrm{th}\,\varphi = \frac{bl}{am},$$

on doit donc poser

$$\frac{b^2 l^2}{a^2 m^2} < 1,$$

d'où

$$\frac{m^2}{l^2} > \frac{b^2}{a^2},$$

ce qui exprime que la droite menée par le centre donnant la direction des tangentes ne doit pas rencontrer l'hyperbole (en des points réels).

On sait qu'on peut trouver un angle θ tel que

$$\mathrm{th}\,\varphi = \sin\theta,$$

on trouvera pour θ deux valeurs θ', $2\pi - \theta'$ auxquelles correspondront

$$\mathrm{sh}\,\varphi' = \mathrm{tang}\,\theta' \quad \text{et} \quad \mathrm{sh}\,\varphi'' = -\,\mathrm{tang}\,\theta',$$
$$\mathrm{ch}\,\varphi' = \mathrm{séc}\,\theta' \quad \text{et} \quad \mathrm{ch}\,\varphi'' = -\,\mathrm{séc}\,\theta';$$

on voit que les tangentes parallèles à la direction donnée ont leurs points de contact aux extrémités d'un même diamètre.

140. Diamètres conjugués. — Nous partirons de l'équation

$$\mathrm{S}\,\rho\,\varphi(\rho) = \eta,$$

$\eta = 1$ pour l'hyperbole donnée, $\eta = 0$ pour le faisceau des deux asymptotes, $\eta = -\,1$ pour l'hyperbole conjuguée.

α désignant le vecteur d'un point P d'une corde de direction β, on aura pour déterminer les extrémités de la corde

$$\mathrm{S}(\alpha + x\beta)\,\varphi(\alpha + x\beta) = \varepsilon,$$

et en écrivant que P est le milieu de la corde on aura

$$\mathrm{S}\alpha\,\varphi(\beta) = 0,$$

on voit que le lieu du milieu P est la droite ayant pour équation

$$\mathrm{S}\,\rho\,\varphi(\beta) = 0,$$

ce résultat est indépendant de la valeur de η; donc si une sécante rencontre l'hyperbole donnée en M et M', la conjuguée en M_1, M'_1 et les asymptotes en M_0, M'_0, les trois cordes MM', $M_1M'_1$, $M_0M'_0$ ont le même milieu.

Comme pour l'ellipse, si

$$S \alpha \varphi(\beta) = S \beta \varphi(\alpha) = o,$$

les diamètres de direction α, β sont tels que chacun partage en parties égales les cordes parallèles à l'autre.

Si l'on pose

$$\alpha = ia_1 + jb_1,$$
$$\beta = ia_2 + jb_2,$$

la condition

$$S\alpha \varphi(\beta) = o$$

se traduit par

$$\frac{a_1 a_2}{a^2} - \frac{b_1 b_2}{b^2} = o.$$

141. Intersection d'une droite et d'une hyperbole. — Si ρ_1 et ρ_2 sont les vecteurs définissant deux points M_1, M_2, le vecteur ρ correspondant à un point commun à la droite $M_1 M_2$ et à la courbe ayant pour équation

$$S \rho \varphi(\rho) = 1$$

sera déterminé par l'équation

$$\lambda^2 [S \rho_2 \varphi(\rho_2) - 1] + 2\lambda [S \rho_1 \varphi(\rho_2) - 1] + S [\rho_1 \varphi(\rho_1) - 1] = o.$$

On sait comment il faudrait modifier légèrement cette équation s'il s'agissait de l'hyperbole conjuguée ou des asymptotes.

142. Applications. — 1° *Polaire du point ρ_1.*

On exprime que ρ_1 et ρ_2 sont conjugués harmoniques par rapport à l'hyperbole en écrivant que la somme des racines de l'équation précédente est nulle, ce qui donne

$$S \rho_1 \varphi(\rho_2) = 1$$

ou, à volonté,

$$S \rho_2 \varphi(\rho_1) = 1.$$

La polaire du point ρ_1, lieu du point ρ_2, a donc pour équation

$$S \rho \, \varphi(\rho_1) = 1;$$

on établira les mêmes propriétés que pour l'ellipse.

2° *Équation du faisceau des tangentes issues du point* $P(\rho_1)$.

On trouvera, par le même calcul que pour l'ellipse,

$$[S \rho \, \varphi(\rho) - 1]\,[S \rho_1 \, \varphi(\rho_1) - 1] - [S \rho_1 \, \varphi(\rho) - 1]^2 \equiv 0$$

et, pour le faisceau des parallèles aux tangentes, menées par le centre,

$$S \rho \, \varphi(\rho)\,[S \rho_1 \, \varphi(\rho_1) - 1]^2 - S^2 \rho_1 \, \varphi(\rho) = 0.$$

Pour l'hyperbole conjuguée on écrira $+1$ au lieu de -1.

143. Exercice. — *Lieu des points de rencontre des tangentes menées aux extrémités de deux diamètres conjugués.*

Soient OM un demi-diamètre de l'hyperbole donnée, ON le demi-diamètre de l'hyperbole conjuguée correspondant, on posera

$$\rho = ix + jy,$$
$$\alpha = ia\,\mathrm{ch}\,\varphi + jb\,\mathrm{sh}\,\varphi,$$
$$\beta = ia\,\mathrm{sh}\,\varphi + jb\,\mathrm{ch}\,\varphi,$$

on calcule $S\alpha\,\varphi(b)$ et $S\beta\,\varphi(b)$ et l'on trouve pour les équations des tangentes

$$\frac{x}{a}\,\mathrm{ch}\,\varphi + \frac{y}{b}\,\mathrm{sh}\,\varphi = 1,$$

$$\frac{x}{a}\,\mathrm{sh}\,\varphi + \frac{y}{b}\,\mathrm{ch}\,\varphi = 1,$$

d'où

$$\frac{x^2}{a^2} - \frac{y^2}{b^2} = 0.$$

144. Cercle orthoptique. — On trouvera

$$\rho^2 + a^2 - b^2 = 0.$$

145. Parabole. — Une parabole rapportée à son axe et à la tangente du sommet a pour équation

$$y^2 - 2px = 0.$$

On peut l'écrire ainsi :

$$x = \frac{y^2}{2p}.$$

Fig. 18.

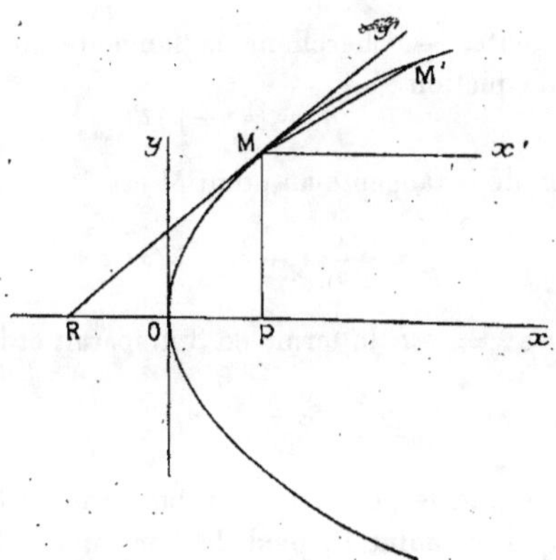

Prenons sur Oy un vecteur β ; si

$$T\beta = b,$$

on a

$$\beta = jb.$$

Posons

$$y = bt$$

et

$$x = \frac{b^2 t^2}{2p}.$$

Si l'on pose

$$\frac{b^2}{p} = a,$$

on aura

$$x = \frac{1}{2} at^2, \qquad p = \frac{b^2}{a},$$

et si l'on pose

$$\alpha = ia,$$

le vecteur

$$\rho = ix + jy,$$

qui définit le point M, peut être mis sous la forme

$$\rho = \frac{1}{2}\,\alpha\,t^2 + \beta\,t\,;$$

c'est l'équation que nous voulions obtenir.

146. Tangente. — Cherchons la tangente au point M; elle est donnée par l'équation

$$d\rho = (\alpha t + \beta)\,dt.$$

L'équation de la tangente au point M est

$$\rho = \frac{1}{2}\,\alpha\,t^2 + \beta t + \lambda(\alpha t + \beta).$$

Si l'on pose $\lambda = -\,t$, le terme en β disparaît et l'on obtient

$$\rho = -\,\frac{1}{2}\,\alpha\,t^2,$$

ce qui prouve que le point R où la tangente en M coupe l'axe Ox est symétrique du point P, pied de l'ordonnée PM, par rapport au centre.

147. Propriété des diamètres de la parabole. — Soient M_1, M_2 deux points correspondant aux paramètres t_1, t_2. On a

$$\rho_1 = \frac{1}{2}\,\alpha\,t_1^2 + \beta t_1,$$

$$\rho_2 = \frac{1}{2}\,\alpha\,t_2^2 + \beta t_2.$$

La corde $M_1 M_2$ est parallèle au vecteur $\rho_2 - \rho_1$:

$$\rho_2 - \rho_1 = \frac{\alpha}{2}\,(t_2^2 - t_1^2) + \beta(t_2 - t_1),$$

ce vecteur est lui-même parallèle au vecteur

$$\frac{1}{2}\,\alpha(t_2 + t_1) + \beta.$$

La corde $M_1 M_2$ aura une direction déterminée si $t_2 + t_1$ a une valeur donnée, soit donc

$$t_2 + t_1 = 0.$$

Le vecteur du milieu P de $M_1 M_2$ est

$$\tfrac{1}{4}\alpha(t_1^2 + t_2^2) + \beta(t_1 + t_2);$$

mais

$$t_1^2 + t_2^2 = \theta^2 + 2 t_1 t_2.$$

Le vecteur du point P a donc pour valeur

$$\tfrac{1}{4}\alpha(\theta^2 + 2 t_1 t_2) + \beta.\theta,$$

ce qu'on peut écrire

$$\alpha\lambda + \beta\theta,$$

λ étant un paramètre variable et θ une constante. L'équation

$$\rho = \alpha\lambda + \beta\theta$$

représente une parallèle à l'axe menée par le point $\beta\theta$: c'est le lieu du point P. Donc, dans la parabole tous les diamètres sont parallèles.

148. Soit M' le point de la parabole qui correspond à la valeur $t + \theta$ du paramètre. On a pour ce point

$$\rho' = \tfrac{1}{2}\alpha(t + \theta)^2 + \beta(t + \theta);$$

en posant

$$r = \rho' - \rho,$$

on trouve

$$r = \tfrac{1}{2}\alpha\theta^2 + \beta'\theta,$$

où

$$\beta' = \alpha t + \beta.$$

Si la tangente en M rencontre l'axe Ox en R et si P est le pied de l'ordonnée PM, on a

$$\alpha t^2 = \overline{RP}, \qquad \beta t = \overline{PM},$$

donc

$$\beta' t = \alpha t^2 + \beta t = \overline{RP} + \overline{PM} = \overline{RM}.$$

Désignons par l la longueur RM et posons $T\beta' = b'$, on peut écrire alors

$$b't = l,$$

donc

$$\frac{b}{b'} = \frac{y}{l} = \sin\theta,$$

θ désignant l'angle que la tangente en M fait avec l'axe. Or, rapportée aux axes Mx', My', le premier étant parallèle à l'axe, c'est-à-dire étant le diamètre mené par M et le second confondu avec la tangente, l'équation de la parabole sera

$$y'^2 = 2 p' x$$

avec

$$p' = \frac{b'^2}{a}.$$

En rapprochant cette valeur de celle trouvée pour p on a

$$\frac{p}{p'} = \frac{b^2}{b'^2} = \sin^2 \theta$$

ou

$$p = p' \sin^2 \theta.$$

149. Remarque. — Si l'on suppose la parabole rapportée à un diamètre et à la tangente à l'extrémité de ce diamètre, on peut encore garder l'équation

$$\rho = \frac{1}{2} \alpha t^2 + \beta t,$$

mais les vecteurs α, β ne sont plus rectangulaires. On aura dans ce cas

$$S \alpha \beta = - T \alpha . T \beta \cos \theta.$$

Rapportons la parabole donnée à un diamètre et à la tangente à l'extrémité de ce diamètre.

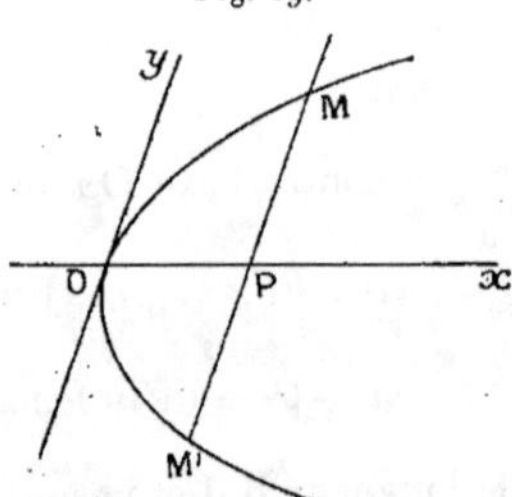

Fig. 19.

L'équation est de la forme

$$\rho = \frac{1}{2} \alpha t^2 + \beta t.$$

Soit M le point correspondant à une valeur t du paramètre, et soit M' le point qui correspond à $-t$:

$$p' = \frac{1}{2}\alpha t^2 - \beta t,$$

on voit que le milieu P de MM' est sur Ox. Donc le diamètre passant par un point de la parabole partage en parties égales les cordes parallèles à la tangente menée à l'extrémité de ce diamètre.

150. Tangentes issues d'un point. — Pour plus de simplicité, nous supposerons la parabole rapportée à celui de ses diamètres qui passe par le point donné et à la tangente à l'extrémité de ce diamètre.

Fig. 20.

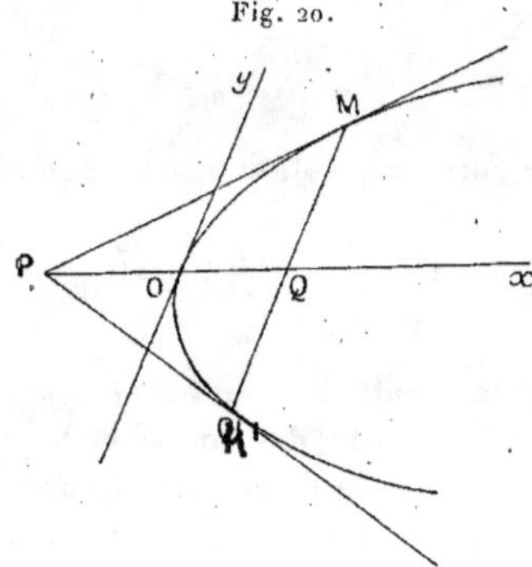

Définissons le point P donné par le vecteur αl.

La tangente en un point t a pour équation

$$p = \frac{1}{2}\alpha t^2 + \beta t + \lambda(\alpha t + \beta);$$

pour que cette tangente passe par P, il faut donner à λ la valeur de $-t$, ce qui donne

$$p = \frac{1}{2}\alpha t^2 - \alpha t^2,$$

on doit donc avoir

$$l = -\frac{1}{2}t^2,$$

ce qui exige en premier lieu que l soit négatif, c'est-à-dire que P soit à l'extérieur de la parabole et ensuite on voit qu'on aura pour t deux valeurs opposées, ce qui montre que la corde des constantes, c'est-à-dire la polaire de P, est parallèle à la tangente en O, et que $PO = OQ$, Q étant le milieu de MM′.

151. Tangente parallèle à une direction donnée. — Rapportons la parabole à son axe et à la tangente au sommet.

Le vecteur parallèle à la tangente au point M, de paramètre t, étant égal à

$$\alpha t + \beta,$$

pour que cette tangente soit parallèle au vecteur

$$\alpha l + \beta m,$$

il faut et il suffit que

$$t = \frac{l}{m};$$

il y a donc toujours une solution, et l'équation de la tangente demandée est

$$\rho = \alpha \left(\frac{1}{2} \frac{l^2}{m^2} + \lambda \frac{l}{m} \right) + \beta \left(\frac{l}{m} + \lambda \right).$$

152. Polaire d'un point. — Nous avons déjà trouvé la polaire en la définissant comme corde des contacts des tangentes issues du point donné. Nous allons la déterminer comme lieu des conjugués harmoniques d'un point. Pour plus de simplicité dans les calculs, nous rapporterons la parabole au diamètre passant par le point donné et à la tangente à son extrémité. Soit

$$\rho = l\alpha$$

le vecteur définissant le point P et soit

$$ax + by$$

le vecteur définissant un point M ; x et y sont deux scalaires inconnus ; écrivons qu'un point de la droite PM est sur la parabole, nous poserons

$$l\alpha + \lambda(ax + by) = (r + \lambda)\left(\frac{1}{2} \alpha t^2 + \beta t \right);$$

en identifiant,

$$l + \lambda x = \frac{1}{2}(1 + \lambda)t^2,$$

$$\lambda y = (1 + \lambda)t.$$

L'élimination de t donne

$$\lambda^2 y^2 = 2(l + \lambda x)(1 + \lambda);$$

en écrivant que les racines de cette équation sont opposées, on trouve

$$x = -l,$$

ce qui prouve que le lieu est la droite ayant pour équation

$$\rho = -l\alpha + y\beta,$$

qui coïncide avec la corde des contacts des tangentes issues de P, quand P est extérieur. Si la parabole est rapportée à son axe et à la tangente au sommet, on suivra la même méthode; le calcul sera seulement un peu plus long.

153. Lieu des points d'où l'on peut mener à la parabole deux tangentes rectangulaires. — En supposant les axes rectangulaires, nous écrirons que les deux vecteurs

$$\alpha t + \beta, \qquad \alpha t' + \beta$$

sont rectangulaires, ce qui donne la condition

$$S(\alpha t + \beta)(\alpha t' + \beta) = 0;$$

en développant et tenant compte de $S\alpha\beta = 0$, on trouve

$$\alpha^2 tt' + \beta^2 = 0.$$

Le point de rencontre des deux tangentes vérifie l'équation

$$\frac{1}{2}\alpha t^2 + \beta t + \lambda(\alpha t + \beta) = \frac{1}{2}\alpha t'^2 + \beta t' + \lambda'(\alpha t' + \beta);$$

en identifiant on trouve

$$\frac{1}{2}t^2 + \lambda t = \frac{1}{2}t'^2 + \lambda' t',$$

$$t + \lambda = t' + \lambda';$$

en éliminant λ' on obtient

$$\lambda = \frac{t' - t}{2}$$

et en remplaçant λ par cette valeur on obtiendra pour le vecteur d'un point du lieu

$$\rho = \frac{1}{2}\,\alpha\,tt' + \beta\,\frac{t'-t}{2},$$

ce qui représente une parallèle à la tangente au sommet. Le pied de cette droite sur l'axe a pour vecteur $-\dfrac{1}{2}\,i\,\dfrac{b^2}{a}$ ou $-\,i\,\dfrac{p}{2}$.

Cette droite est la directrice de la parabole. Nous le vérifierons plus loin.

154. Foyer de la parabole. — Soit F un point de l'axe; le vecteur FM a pour expression

$$\rho = \frac{1}{2}\,\alpha\,t^2 + \beta t - \lambda\alpha,$$

$\lambda\alpha$ étant le vecteur de F.

Calculons ρ^2; on a

$$\rho^2 = \alpha^2\left(\frac{1}{2}\,t^2 - \lambda\right)^2 + \beta^2\,t^2,$$

puisque $S\alpha\beta = 0$. Soit r la longueur de FM; en remplaçant α^2 par $-a^2$, β^2 par $-b^2$, on a

$$r^2 = a^2\left(\frac{1}{2}\,t^2 - \lambda\right)^2 + b^2$$

ou, en développant,

$$r^2 = a^2\left(\frac{t^4}{4} - t^2\lambda + \lambda^2\right) + b^2\,t^2.$$

Déterminons λ de façon que le polynome en t soit carré parfait; on obtient ainsi $\lambda = +\dfrac{b^2}{2\,a^2}$ et alors r^2 est le carré de

$$\frac{a t^2}{2} + \frac{b^2}{2\,a^2},$$

on retrouve l'expression

$$x + \frac{p}{2},$$

et le point F est le foyer.

Si l'on cherche la polaire du point F, dont le vecteur est $i\,\dfrac{p}{2}$, on trouvera la directrice; son équation sera

$$-\,i\,\frac{p}{2} + \lambda\beta.$$

155. Exercice. — *Si à chaque sommet d'un triangle inscrit à un parabole on mène la tangente, les points de rencontre de chaque tangente avec le côté opposé sont en ligne droite.*

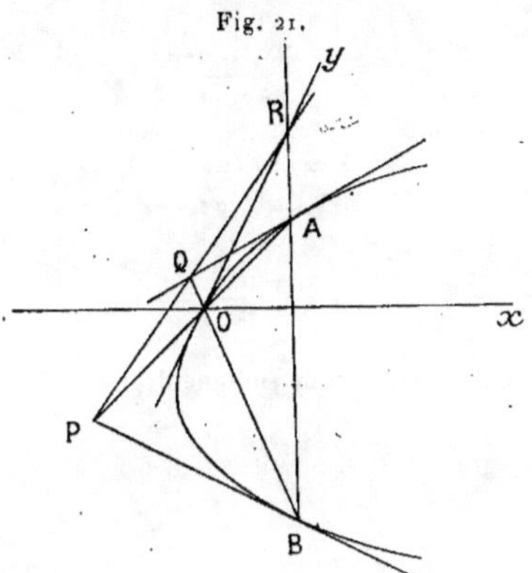

Fig. 21.

Prenons l'un des sommets pour origine et soient t et t' les paramètres de deux autres sommets.

Le côté AB a pour équation

$$\rho = \frac{1}{2}\alpha t^2 + \beta t + \lambda\left(\frac{1}{2}\alpha t^2 + \beta t - \frac{1}{2}\alpha t'^2 - \beta t'\right);$$

en écrivant que le coefficient de α est nul, on trouve

$$\lambda = \frac{t^2}{t'^2 - t^2},$$

et le vecteur terminé en R a pour valeur

$$\rho_1 = \beta\,\frac{tt'}{t + t'}.$$

Pour déterminer le point P, intersection de la droite OA et de la tangente en B, nous identifierons

$$x\left(\frac{1}{2}\alpha t^2 + \beta t\right)$$

et

$$\frac{1}{2}\alpha t'^2 + \beta t' + y(\alpha t' + \beta),$$

ce qui donne pour le point P

$$\rho_2 = \frac{1}{2}\alpha\,\frac{tt'^2}{2t' - t} + \beta\,\frac{t'^2}{2t' - t};$$

on trouvera pareillement pour le point Q

$$\rho_3 = \frac{1}{2}\,\alpha\,\frac{t'\,t^2}{2t - t'} + \beta\,\frac{t^2}{2t - t'}.$$

Or si l'on calcule

$$\frac{\lambda \rho_2 + \mu \rho_3}{\lambda + \mu}$$

en posant

$$\lambda = \quad t\,(2t' - t),$$
$$\mu = -\,t'\,(2t - t'),$$

on trouve

$$\frac{\lambda \rho_2 + \mu \rho_3}{\lambda + \mu} = \rho_1;$$

donc, les trois points P, Q, R sont en ligne droite

CHAPITRE V.

HOMOTHÉTIE ET INVERSION.

———

156. Figures homothétiques. — Supposons le centre d'homothétie à l'origine. Au point M on fait correspondre un point M′ de façon que ρ désignant le vecteur qui aboutit au point M, et ρ' celui qui aboutit à M′, on ait

$$(1) \qquad \rho' = h\rho,$$

h étant un nombre positif ou négatif.

Si l'on pose

$$\rho'' = -h\rho,$$

on aura

$$\rho'' = -\rho'.$$

Si M décrit un lieu, courbe ou surface, le lieu de M′ sera la figure homothétique de la première, le lieu de M″ (ρ'') sera symétrique du lieu de M′.

Si l'on prend pour centre d'homothétie un point A, extrémité du vecteur a, on fera correspondre à M un autre point M″ qui sera défini par la condition

$$(2) \qquad \rho'' - a = h(\rho - a).$$

Des égalités (1) et (2) on tire

$$\rho'' - \rho' = a(1 - h),$$

ce qui montre que l'on passe de la figure lieu de M′ à la figure lieu de M″, en faisant subir à la première une translation rectiligne.

157. Exemples. — 1° Soit α un vecteur donné, l'équation

$$\rho = x\alpha$$

définit une droite menée par le pôle. On aura

$$\rho' = h\rho = hx\alpha;$$

la transformée est une droite passant par le pôle et de même direction que la première si $h > o$; de direction opposée si $h < o$.

2° On donne une droite quelconque

$$\rho = \beta + x\alpha.$$

La figure homothétique sera fournie par

$$\rho' = h\beta + hr\alpha,$$

si x varie, ces deux équations définissent des droites parallèles.

Si l'on considère deux droites issues d'un même point, les transformées seront deux droites issues du point transformé du premier, parallèles aux deux droites et toutes deux de même sens que les premières respectivement ou de sens opposés. La figure transformée d'un angle est donc un angle égal.

158. Plan. — Rapportons un plan au centre d'homothétie pris pour origine. Son équation sera

$$S\,\alpha\rho = a,$$

α étant le vecteur normal. La figure homothétique aura pour équation

$$S\,\alpha\rho = ha,$$

c'est un plan parallèle au premier.

La distance de l'origine au premier plan est le tenseur du vecteur

$$\alpha^{-1}a,$$

la distance au second plan est le tenseur de

$$h\alpha^{-1}a.$$

Un angle dièdre se transforme en dièdre égal.

159. Sphère. — Soit

$$(\rho - a)^2 + R^2 = o$$

une sphère de centre A et de rayon R. La transformée aura pour équation

$$\left(\frac{\rho'}{h} - a\right)^2 + R^2 = o$$

ou

$$(\rho' - ha)^2 + h^2 R^2 = o,$$

c'est à-dire une sphère ayant son centre au point A$'$ transformé de A par rapport à l'origine et pour rayon hR. Si l'on change h en $-h$ on aura la sphère symétrique de la première transformée.

On aurait les mêmes résultats dans un plan pour un cercle.

160. **Deux sphères données sont homothétiques directes et homothétiques inverses de rapport égal à** $+\dfrac{R'}{R}$ **et** $-\dfrac{R'}{R}$ **et les centres d'homothétie sont les points qui partagent la ligne des centres dans ce rapport** $\dfrac{R'}{R}$. — En effet, soient deux sphères de rayons R, R$'$. Prenons pour origine le point S tel que

$$\frac{SO'}{SO} = \frac{R'}{R},$$

et soit

$$(\rho - a)^2 + R^2 = o$$

la première sphère. La figure homothétique dans le rapport $\dfrac{R'}{R}$ aura pour équation

$$\left[\frac{\rho}{\left(\dfrac{R'}{R}\right)} - a\right]^2 + R^2 = o$$

ou

$$\left(\rho - a\,\frac{R'}{R}\right)^2 + R'^2 = o;$$

mais a' étant le vecteur du centre de la seconde sphère donnée, on a

$$a' = a\,\frac{R'}{R};$$

la sphère obtenue coïncide avec la seconde des sphères données.

Pareillement prenons pour origine le point S$'$ tel que

$$\frac{SO'}{SO} = -\frac{R'}{R},$$

si la première sphère a pour équation

$$(\rho - a_1)^2 + R^2 = 0,$$

la figure homothétique dans le rapport $-\dfrac{R'}{R}$ aura pour équation

$$\left(\rho + a_1\,\frac{R'}{R}\right)^2 + R'^2 = 0,$$

et représente la sphère ayant pour équation

$$(\rho - a'_1)^2 + R'^2 = 0,$$

où

$$a'_1 = - a_1\,\frac{R'}{R}\,;$$

c'est bien la seconde des sphères données.

161. Deux figures F', F'' homothétiques d'une même figure F sont homothétiques entre elles; et les centres d'homothétie de ces trois figures, prises deux à deux, sont en ligne droite. — Prenons pour origine le centre d'homothétie des figures F, F' et soit S le centre d'homothétie de F et F''.

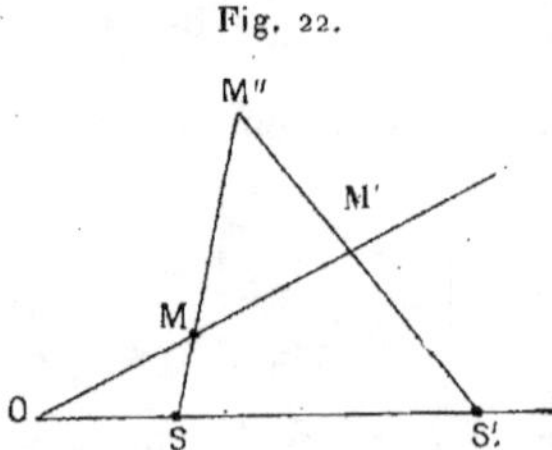

Fig. 22.

A un point M de la figure F correspond un point M' de la figure F' et un point M'' de la figure F''. Appelons ρ, ρ', ρ'' les vecteurs correspondant aux points M, M', M'' et σ celui qui correspond au point S.

On a, par hypothèse,

$$\rho' = h\rho,$$

$$\rho'' - \sigma = h'(\rho - \sigma)$$

ou

$$\rho'' = h'\rho + \sigma(1 - h').$$

Soit S' un point de OS et soit σ' le vecteur $\overline{OS'}$. Cherchons l'homothétique de M′, par rapport à S′ dans le rapport λ, de façon que

$$\rho''' - \sigma' = \lambda(\rho' - \sigma'),$$

d'où

$$\rho''' = \lambda h \rho + \sigma'(1 - \lambda).$$

Nous sommes conduits à poser $\lambda h = h'$, ce qui donne

$$\rho''' = h'\rho + \sigma'\left(1 - \frac{h'}{h}\right),$$

et si l'on pose

$$\sigma'\left(1 - \frac{h'}{h}\right) = \sigma(1 - h'),$$

c'est-à-dire

$$\sigma' = \sigma\,\frac{h(1 - h')}{h - h'},$$

l'homothétique de M′ dans le rapport $\dfrac{h'}{h}$ sera donné par

$$\rho''' = h'\rho + \sigma(1 - h'),$$

et l'on aura $\rho''' = \rho''$. Donc M′ et M″ sont homothétiques par rapport à S′ et la proposition est établie puisque O, S, S′ sont en ligne droite.

162. Propriétés des tangentes ou des plans tangents dans les figures homothétiques. — De $\rho' = h\rho$ on tire

$$d\rho' = h\,d\rho,$$

cela indique que les tangentes à deux courbes homothétiques en des points correspondants sont parallèles, et de même les plans tangents à deux surfaces homothétiques en des points correspondants sont parallèles.

163. Inversion. — Prenons le pôle d'inversion pour origine et soient M, M′ deux points correspondants.

On pose

$$\overrightarrow{OM}.\overrightarrow{OM'} = h,$$

h étant positif quand $\overrightarrow{OM}$ et $\overrightarrow{OM'}$ ont le même sens, ou négatif dans le cas contraire.

On pourrait poser

$$\vec{OM}.\vec{OM'} = \varepsilon\, l^2,$$

en prenant $\varepsilon = +\,1$ dans le premier cas, $\varepsilon = -\,1$ dans le second.

Désignons par ρ et ρ' les vecteurs $\overline{OM}$, $\overline{OM'}$.

On a

$$\overline{OM} = T\rho\,.\,U\rho,$$
$$\overline{OM'} = T\rho'\,.\,U\rho';$$

mais

$$U\rho' = \varepsilon\,U\rho, \qquad \varepsilon = \pm\,1,$$

suivant que ρ et ρ' ont le même sens ou des sens contraires, étant portés par la même droite; d'ailleurs

$$(U\rho)^2 = -\,1,$$

on aura donc

$$\rho\rho' = +\,\varepsilon\, l^2,$$

ε étant $+\,1$ quand $\vec{OM}$ et $\vec{OM'}$ ont des sens contraires et $-\,1$ quand ils ont le même sens. Nous écrirons plus simplement

$$\rho\rho' = h.$$

Remarque. — L'équation précédente, il n'est pas inutile de le rappeler, exprime que le vecteur du produit $\rho\rho'$ est nul, h étant un scalaire.

164. **Exemples.** — *Inverse d'un plan ou d'une droite.* — Le calcul est le même dans les deux cas. Donnons-nous par exemple l'équation d'un plan sous la forme

$$S\alpha\rho = a,$$

nous aurons la figure inverse en remplaçant ρ par $h\rho^{-1}$, car $\rho\rho' = h$ donne $\rho = h\rho'^{-1}$; on obtient aussi l'équation

$$hS\alpha\rho^{-1} = a$$

ou, en multipliant les deux membres par ρ^2,

$$\frac{h}{a}\,S\alpha\rho = \rho^2,$$

ce qui peut s'écrire

$$\left(\rho - \frac{h}{2a}\alpha\right)^2 = \frac{h^2}{4a^2}\,\alpha^2;$$

cette équation est celle d'une sphère passant par l'origine et dont le centre est sur la perpendiculaire au plan menée par l'origine. Le diamètre passant par l'origine est défini par le vecteur $\dfrac{h}{a}\,\alpha$. Le vecteur allant de l'origine au pied de la normale au plan est $a\alpha^{-1}$, le produit de ces vecteurs est égal à h. L'extrémité du diamètre de la sphère perpendiculaire au plan est donc l'inverse du pied de la normale au plan issue de l'origine.

165. Réciproquement, l'inverse d'une sphère passant par le pôle d'inversion est un plan perpendiculaire au diamètre passant par le pôle. — Soit α le vecteur diamètre passant par l'origine, la sphère a pour équation

$$S\,\rho(\alpha - \rho) = 0$$

ou

$$S\,\alpha\rho = \rho^2.$$

L'inverse a pour équation

$$h\,S\,\alpha\rho^{-1} = h^2\rho^{-2};$$

en multipliant les deux nombres par ρ^2 et simplifiant, on obtient

$$S\,\alpha\rho = h,$$

équation d'un plan perpendiculaire au diamètre α. La distance de l'origine au plan est déterminée par le vecteur $h\alpha^{-1}$; or

$$h\alpha^{-1}\alpha = h,$$

donc l'extrémité de diamètre α est l'inverse du pied de la perpendiculaire au plan mené par l'origine.

Considérons maintenant une sphère quelconque, ayant pour équation

$$(\rho - a)^2 + R^2 = 0$$

ou, en développant,

$$\rho^2 - 2\,S\,a\rho + a^2 + R^2 = 0.$$

On aura l'équation de l'inverse en remplaçant ρ par $h\rho^{-1}$, ce qui donne

$$h^2\rho^{-2} - 2\,h\,S\,a\rho^{-1} + a^2 + R^2 = 0$$

ou, en multipliant par ρ^2,

$$h^2 - 2\,h\,S\,a\rho + (a^2 + R^2)\rho^2 = 0.$$

Posons

$$a^2 + R^2 = b^2,$$

on peut écrire

$$\rho^2 - \frac{2h}{b^2}\, \mathrm{S}\, a\rho + \frac{h^2}{b^2} = 0,$$

c'est-à-dire

$$\left(\rho - \frac{ah}{b^2}\right)^2 + \frac{h^2}{b^4}\, \mathrm{R}^2 = 0.$$

On obtient ainsi une sphère dont le centre est l'extrémité du vecteur a', sur le diamètre de la sphère donnée qui passe par le pôle et dont le rayon

$$\mathrm{R}' = \left|\frac{h}{a^2 + \mathrm{R}^2}\right| \mathrm{R}.$$

Si $\mathrm{R}^2 = -a^2$, la sphère donnée passe par le pôle, et R' est infini. On sait que dans ce cas l'inverse est un plan.

166. Cherchons la position du centre de la seconde sphère.

Soit P le point de rencontre du plan polaire de l'origine O et du diamètre passant par O ; soit c le centre de la sphère, on aura

$$\overline{\mathrm{OP}} = ax, \qquad \overline{\mathrm{PC}} = a(1 - x)$$

et

$$\overline{\mathrm{OC}}.\overline{\mathrm{PC}} = -\mathrm{R}^2$$

ou

$$a^2(1 - x) = -\mathrm{R}^2,$$

ce qui donne

$$x = \frac{a^2 + \mathrm{R}^2}{a^2} = \frac{b^2}{a^2},$$

par suite

$$\overline{\mathrm{OP}} = a\,\frac{b^2}{a^2}.$$

Pour avoir l'inverse de P, on posera

$$\rho \,.\, ax = h,$$

ce qui donne

$$\rho = \frac{ha}{b^2} = a',$$

le centre de la seconde sphère est donc l'inverse du point P.

Les mêmes calculs effectués dans un plan donnent les mêmes résultats pour une droite ou un cercle.

167. Propriétés des tangentes et des plans tangents à deux courbes ou à deux surfaces inverses. — Considérons deux points correspondants M, M' tels que

$$\rho\rho' = h,$$

on en déduit

$$\rho\, d\rho' + d\rho\, \rho' = 0,$$

on le voit en remarquant que

$$(\rho + \Delta\rho)(\rho' + \Delta\rho') - \rho\rho' = 0$$

ou

$$\rho\, \Delta\rho' + \Delta\rho\, \rho' + \Delta\rho\, \Delta\rho' = 0,$$

d'où l'équation écrite plus haut, car si l'on regarde ρ et ρ' comme fonctions d'un paramètre t,

$$\rho\, \frac{\Delta\rho'}{\Delta t} + \frac{\Delta\rho}{\Delta t}\, \rho' + \frac{\Delta\rho}{\Delta t}\, \Delta\rho' =$$

et, à la limite,

$$\rho\, \frac{d\rho'}{dt} + \frac{d\rho}{dt}\, \rho' = 0$$

ou

$$\rho\, d\rho' + d\rho\, \rho' = 0.$$

On en tire

$$S\rho\, d\rho' = -\, S\rho\, d\rho.$$

Mais

$$S\rho\, d\rho' = T\rho . T\, d\rho' \cos\theta',$$

où

$$\theta' = (\rho,\, d\rho');$$

de même

$$S\rho'\, d\rho = T\rho' T\, d\rho \cos\theta$$

ou

$$\theta = (\rho',\, d\rho).$$

Supposons que les vecteurs ρ, ρ' soient de même sens. Comptons l'arc s et l'arc s' sur les courbes lieux de M et de M', de façon que ds et ds' soient de même signe. On peut supposer par exemple que les origines des arcs s et s' soient des points correspondants.

On a

$$T\, d\rho = ds, \qquad T\, d\rho' = ds'$$

et

$$T\rho\, ds' \cos\theta' + T\rho'\, ds \cos\theta = 0.$$

Mais on a aussi

$$T\rho\, T\rho' = \text{const.},$$

donc

$$T\rho\, d\,T\rho' - T\rho'\, d\,T\rho = 0,$$

on en déduit, en remarquant que $d\mathrm{T}\rho$ et $d\mathrm{T}\rho'$ sont nécessairement de signes différents :

$$\mathrm{T}\rho\,ds' = \mathrm{T}\rho'\,ds,$$

donc

$$\cos\theta' + \cos\theta = 0.$$

Les tangentes en M et M', qui sont évidemment dans un même plan, forment avec MM' un triangle isoscèle.

On en déduit facilement la propriété des plans tangents à deux surfaces inverses.

CHAPITRE VI.

QUADRIQUES.

1° QUADRIQUES A CENTRE UNIQUE A DISTANCE FINIE.

168. Considérons une quadrique à centre, rapportée à des axes rectangulaires, l'origine étant au centre, son équation est de la forme

$$\varphi(x, y, z) + 1 = 0,$$

en excluant les cônes. Or, par l'équation en S, on sait mettre la fonction homogène du second degré φ sous la forme

$$A(x^2 + y^2 + z^2) + 2\,P.Q,$$

A étant une racine de l'équation en S, P et Q étant deux polynomes homogènes du premier degré. Mais si, par exemple,

$$P = ax + by + cz$$

on peut poser

$$ax + by + cz = S\alpha\rho,$$

où

$$\rho = \quad ix + jy + kz,$$
$$\alpha = -\,ia - jb - kc.$$

Pareillement, on pourra poser

$$Q = S\beta\rho,$$

et l'équation de la quadrique considérée prendra la forme

$$(1) \qquad A\rho^2 + 2\,S\alpha\rho\,S\beta\rho = 1;$$

le facteur 2 étant introduit pour plus de commodité, si l'on pose par exemple

$$S\alpha\rho = l,$$

c'est-à-dire si l'on coupe la quadrique par un plan normal au vecteur α, la section sera sur la sphère ayant pour équation

$$A\rho^2 + 2\,l\,S\,\beta\rho - 1 = 0;$$

en d'autres termes, tout plan normal à α est un plan de section circulaire et de même pour tout plan normal à β. Les plans

$$S\,\alpha\rho = 0, \qquad L\,\beta\rho = 0$$

menés par le centre sont les plans cycliques.

169. On peut vérifier facilement que deux sections circulaires non parallèles sont sur une même sphère. En effet, soient

$$S\,\alpha\rho - l = 0, \qquad S\,\beta\rho - m = 0$$

les équations des plans de deux de ces sections circulaires, l'équation

$$A\rho^2 + 2\,S\,\alpha\rho\,S\,\beta\rho - 1 - 2(S\,\alpha\rho - l)(S\,\beta\rho - m) = 0$$

représente une sphère, car elle se réduit à

$$A\rho^2 + 2\,l\,S\,\beta\rho + 2\,m\,S\,\alpha\rho - 1 - 2\,lm = 0,$$

qui est bien l'équation d'une sphère. Or cette équation est vérifiée si l'on suppose

$$A\rho^2 + 2\,S\,\alpha\beta\,S\,\beta\rho - 1 = 0$$

et

$$S\,\alpha\rho = l,$$

ou

$$S\,\beta\rho = m.$$

170. **Remarque.** — On peut ajouter au premier membre de l'équation d'une quadrique plusieurs termes de la forme $P'Q'$, $P''Q'''$, ..., c'est-à-dire écrire

$$A\rho^2 + 2\,\Sigma\,S\,\alpha\rho\,S\,\beta\rho = 1,$$

nous aurons encore l'équation d'une quadrique, mais les sections circulaires ne seront plus mises en évidence. Nous n'emploierons pas cette forme et nous garderons l'équation (1).

Si l'on différentie l'équation (1) on obtient

$$2A\,S\,\rho\,d\rho + 2(S\,\alpha\,d\rho\,S\,\beta\rho + S\,\alpha\rho\,S\,\beta\,d\rho) = 0,$$

ce qui peut s'écrire ainsi

$$S[A\rho + \alpha\, S\beta\rho + \beta\, S\alpha\rho]\, d\rho = 0$$

ou

$$(2) \qquad S\nu\, d\rho = 0,$$

en posant

$$\nu = A\rho + \alpha\, S\beta\rho + \beta\, S\alpha\rho.$$

D'autre part, l'équation (1) peut se mettre sous la forme

$$(3) \qquad S\nu\rho = 1.$$

171. Plan tangent au point ρ_0. — L'équation (2) montre que tout déplacement sur la quadrique donnée au point ρ_0 est normal au vecteur ν_0. Ce vecteur donne la direction de la normale à la quadrique au point ρ_0. Par suite, si ρ désigne un point quelconque du plan tangent au point ρ_0, on a

$$S\nu_0(\rho - \rho_0) = 0,$$

ce qui donne

$$S\nu_0\rho = S\nu_0\rho_0 = 1.$$

Remarquons que l'égalité

$$\nu_0\nu_0^{-1} = 1$$

peut s'écrire aussi

$$S\nu_0\nu_0^{-1} = 1,$$

l'équation du plan tangent au point ρ_0 peut donc s'écrire

$$S\nu_0\rho = S\nu_0\nu_0^{-1}$$

où

$$S\nu_0(\rho - \nu_0^{-1}) = 0,$$

ce qui montre que le point ν_0^{-1} est dans le plan tangent. On voit encore aussi que le vecteur ν_0^{-1} est la perpendiculaire abaissée de l'origine sur le plan tangent au point ρ_0. On peut le voir encore en posant

$$\rho = x\nu_0,$$

ce qui donne

$$x\nu_0^2 = 1,$$

d'où

$$x\nu_0 = \nu_0^{-1}.$$

Il en résulte que la longueur de la perpendiculaire abaissée du centre sur le plan tangent a pour valeur

$$\frac{1}{\mathrm{T}\nu},$$

c'est-à-dire

$$\frac{1}{\mathrm{T}\,\varphi(\rho)}.$$

Vérification :

$$\varphi(\rho) = -\frac{ix}{a^2} - \frac{jy}{b^2} - \frac{kz}{c^2},$$

$$\mathrm{T}\,\varphi(\rho) = \sqrt{\frac{x^2}{a^4} + \frac{y^2}{b^4} + \frac{z^2}{c^4}}.$$

Or l'équation du plan tangent au point $(x,\ y,\ z)$ étant

$$\frac{\mathrm{X}x}{a^2} + \frac{\mathrm{Y}y}{b^2} + \frac{\mathrm{Z}z}{c^2} - 1 = 0$$

on a

$$\delta = \frac{1}{\sqrt{\dfrac{x^2}{a^4} + \dfrac{y^2}{b^4} + \dfrac{z^2}{c^4}}}.$$

172. Plan tangent mené par un point ρ_1. — Soit ρ_0 un point de la quadrique, le plan tangent en ce point étant donné par

$$\mathrm{S}\nu_0\rho = 1;$$

pour qu'il passe par ρ_1 il faut et il suffit que

$$\mathrm{S}\nu_0\rho_1 = 1,$$

donc le point de contact de tout plan tangent mené par ρ_1 est dans le plan

$$\mathrm{S}\nu\rho_1 = 1.$$

173. Autre notation. — Hamilton pose

$$\varphi(\rho) = \nu = \mathrm{A}\rho + \alpha\,\mathrm{S}\beta\rho + \beta\,\mathrm{S}\alpha\rho.$$

L'équation de la quadrique peut donc s'écrire

$$\mathrm{S}\rho\,\varphi(\rho) = 1,$$

l'équation du plan tangent au point ρ_0,

$$\mathrm{S}\rho\,\varphi(\rho_0) = 1,$$

et les points de contact des plans tangents issus de ρ_1 sont dans le plan

$$S \rho \, \varphi(\rho_1) = o;$$

ce plan est le plan polaire du point ρ_1.

174. Propriétés de la fonction $\varphi(\rho)$. — Cette fonction jouit des mêmes propriétés que la fonction que nous avons introduite pour l'étude de l'ellipse ou de l'hyperbole. Rappelons ces propriétés, dont la vérification est immédiate,

$$\varphi(\rho + \sigma) = \varphi(\rho) + \varphi(\sigma),$$
$$\varphi(x\rho) = x\,\varphi(\rho);$$
$$d\,\varphi(\rho) = \varphi(d\rho),$$
$$S\,\sigma\,\varphi(\rho) = AS\,\sigma\rho + S\alpha\sigma\,S\,\beta\rho + S\,\beta\sigma\,S\alpha\rho = S\,\rho\,\varphi(\sigma),$$

on dit que les fonctions $\varphi(\rho)$ et $\varphi_1(\rho)$ sont conjuguées si l'on a

$$S\,\sigma\,\varphi_1(\rho) = S\,\rho\,\varphi(\sigma);$$

dans le cas précédent

$$S\,\sigma\,\varphi(\rho) = S\,\rho\,\varphi(\sigma);$$

on dit pour cette raison que $\varphi(\rho)$ est sa propre conjuguée.

175. Avec ces notations, l'équation de la quadrique peut s'écrire

$$S\,\rho\,\varphi(\rho) = 1,$$

le plan tangent au point ρ_0

$$S\,\rho_0\,\varphi(\rho) = 1$$

ou

$$S\,\rho\,\varphi(\rho_0) = 1,$$

le plan polaire du point ρ_1

$$S\,\rho_1\,\varphi(\rho) = 1$$

ou

$$S\,\rho\,\varphi(\rho_1) = 1.$$

176. Remarque. — On peut rapprocher la propriété fondamentale de la fonction φ du théorème d'Euler sur les fonctions homogènes. L'expression

$$A\rho^2 + 2\,S\,\alpha\rho\,S\,\beta\rho$$

peut s'écrire

$$f(x, y, z) \equiv - A(x^2 + y^2 + z^2) + 2(ax + by + cz)(a_1 x + b_1 y + c_1 z);$$

en posant

$$\rho = ix + jy + kz,$$
$$\alpha = ia + jb + kc,$$
$$\beta = ia_1 + jb_1 + kc_1,$$
$$\sigma = ix_0 + jy_0 + cz_0;$$

alors

$$\frac{1}{2}(x_0 f'_x + y_0 f'_y + z_0 f'_z) = - A(xx_0 + yy_0 + zz_0)$$
$$+ (ax_0 + by_0 + cz_0)(a_1 x + b_1 y + c_1 z)$$
$$+ (ax + by + cz)(a_1 x_0 + b_1 y_0 + c_1 z_0)$$
$$= S\rho\sigma + S\alpha\sigma \, S\beta\rho + S\alpha\rho \, S\beta\sigma$$
$$= S\sigma\varphi(\rho)$$

et

$$\frac{1}{2}(x f'_{x_0} + y f'_{y_0} + v f'_{z_0}) = S\rho\,\varphi(\sigma),$$

on retrouve l'équation du plan polaire du point $(x_0 y_0 z_0)$ sous la forme

$$S\rho\,\varphi(\rho_0) = 1 \qquad \text{ou} \qquad S\rho_0\,\varphi(\rho) = 1.$$

177. Remarque. — Pour éviter toute confusion dans ce qui va suivre, nous poserons

$$\varphi(\rho) = A\rho + \chi S\chi_1 \rho + \chi_1 S\chi\rho,$$

χ et χ_1 désignant deux vecteurs donnés et nous conserverons pour désigner une quadrique à centre la forme d'équation déjà employée

$$S\rho\,\varphi(\rho) = 1.$$

178. Plans diamétraux. — Menons par un point ρ une droite parallèle à un vecteur donné α; un point de cette droite sera l'extrémité du vecteur $\rho + x\alpha$. Pour trouver les points de rencontre de cette droite avec la quadrique, il faut déterminer x par l'équation

$$S(\rho + x\alpha)\,\varphi(\rho + x\alpha) = 1$$

ou, en développant,

$$S\rho\,\varphi(\rho) + 2x S\rho\,\varphi(\alpha) + x^2 \alpha\,\varphi(\alpha) - 1 = 0;$$

pour que ρ corresponde au milieu de la corde, il faut et il suffit que les deux racines de l'équation en x soient opposées; le lieu des milieux des cordes de la quadrique qui sont parallèles à la direction α a pour équation

$$S \rho \, \varphi(\alpha) = o$$

ou

$$S \alpha \, \varphi(\rho) = o,$$

c'est un plan passant par le centre de la quadrique et perpendiculaire au vecteur $\varphi(\alpha)$.

Si β est un vecteur de ce plan, on a

$$S \beta \, \varphi(\alpha) = o$$

ou

$$S \alpha \, \varphi(\beta) = o,$$

cette relation est symétrique; d'où résulte la propriété fondamentale des plans diamétraux, si β est un vecteur situé dans le plan diamétral conjugué à α, inversement α est dans le plan diamétral conjugué à β.

179. Soient

$$S \rho \, \varphi(\alpha) = o, \qquad S \rho \, \varphi(\beta) = o$$

les plans diamétraux conjugués aux directions α, β; supposons que ρ désigne un vecteur porté par l'intersection de ces deux plans, ce vecteur est perpendiculaire à $\varphi(\alpha)$ et à $\varphi(\beta)$, donc parallèle au vecteur

$$\gamma = V \, \varphi(\alpha) \, \varphi(\beta).$$

On a donc

$$S \gamma \, \varphi(\alpha) = S \alpha \, \varphi(\gamma) = o,$$
$$S \gamma \, \varphi(\beta) = S \beta \, \varphi(\gamma) = o,$$

et nous savons que

$$S \alpha \, \varphi(\beta) = S \beta \, \varphi(\alpha) = o.$$

Nous avons ainsi trois vecteurs α, β, γ tels que les cordes parallèles à chacun d'eux soient partagées en parties égales par le plan contenant les deux autres; en d'autres termes, nous avons un système de trois diamètres conjugués.

Supposons, pour plus de netteté, que la quadrique soit un ellipsoïde; alors les trois droites portant les vecteurs α, β, γ rencontrent l'ellipsoïde en trois points situés à des distances a', b', c' du centre. Soit ρ un vecteur quelconque; on peut poser

$$\rho = \xi \alpha + \eta \beta + \zeta \gamma$$

et déterminer ζ, η, ζ de façon que l'extrémité de ρ soit sur la quadrique en posant

$$S(\xi\alpha + \eta\beta + \zeta\gamma)\,\varphi(\xi\alpha + \eta\beta + \zeta\gamma) = 1,$$

effectuons en tenant compte des relations

$$S\alpha\varphi(\alpha) = 1, \qquad S\alpha\varphi(\beta) = 0, \qquad \ldots,$$

on obtient

$$\xi^2 + \eta^2 + \zeta^2 = 1.$$

Si x, y, z sont les coordonnées de l'extrémité de ρ, en prenant pour axes les rayons Ox, Oy, Oz dirigés suivant les valeurs α, β, γ, il est évident que

$$\xi = \frac{x}{a'}, \qquad \eta = \frac{y}{b'}, \qquad \zeta = \frac{z}{c'},$$

et par conséquent on retrouve l'équation

$$\frac{x^2}{a'^2} + \frac{y^2}{b'^2} + \frac{z^2}{c'^2} = 1$$

de l'ellipsoïde rapporté à trois diamètres conjugués.

On peut remarquer que

$$\rho = x\,U\alpha + y\,U\beta + z\,U\rho.$$

180. Intersection d'une droite et d'une quadrique à centre. — 1° Soit

$$\rho = x\alpha$$

l'équation d'une droite passant par le centre. Pour que ρ définisse un point commun à la droite et à la quadrique ayant pour équation

$$S\rho\,\varphi(\rho) = 1,$$

il faut et il suffit que x vérifie l'équation

$$x^2\,S\alpha\,\varphi(\alpha) = 1,$$

ce qui donne pour x deux valeurs opposées. Pour que les deux points d'intersection soient rejetés à l'infini, il faut et il suffit que

$$S\alpha\varphi(\alpha) = 0.$$

Il en résulte que

$$S\rho\,\varphi(\rho) = 0$$

est l'équation du cône asymptote.

2° Supposons maintenant que la droite ne passe plus par l'origine et soit β un de ses points, son équation sera de la forme

$$\rho = \beta + x\alpha.$$

On aura les valeurs de x correspondant aux points d'intersection en écrivant

$$S(\beta + x\alpha)\,\varphi(\beta + x\alpha) = 1$$

ou

$$x^2\,S\,\alpha\,\varphi(\alpha) + 2x\,S\,\alpha\,\varphi(\beta) + S\,\beta\,\varphi(\beta) - 1 = 0.$$

On voit qu'un des points est rejeté à l'infini si

$$S\,\alpha\,\varphi(\alpha) = 0,$$

c'est-à-dire si la droite est parallèle à une génératrice du cône asymptote. Le lieu des parallèles aux génératrices du cône asymptote menées par le point β a pour équation

$$S(\rho - \beta)\,\varphi(\rho - \beta) = 0.$$

On a ainsi l'équation du cône des directions asymptotiques de sommet β.

3° La droite étant définie par deux points ρ_1, ρ_2 on opérera comme nous l'avons déjà fait, et la solution sera donnée par l'équation

$$S(\rho_1 + \lambda\rho_2)\,\varphi(\rho_1 + \lambda\rho_2) = (1 + \lambda)^2$$

ou, en développant,

$$\lambda^2[S\,\rho_2\,\varphi(\rho_2) - 1] + 2\lambda[S\,\rho_1\,\varphi(\rho_3) - 1] + [S\,\rho_1\,\varphi(\rho_1) - 1] = 0.$$

181. Applications. Plan polaire du point ρ_1. — Pour que ρ_1 et ρ_2 soient conjugués harmoniques par rapport à la quadrique, il faut et il suffit que

$$S\,\rho_1\,\varphi(\rho_2) - 1 = 0.$$

Le plan polaire du point ρ_1 a donc pour équation

$$S\,\rho_1\,\varphi(\rho) - 1 = 0$$

ou si l'on préfère

$$S\,\rho\,\varphi(\rho_1) - 1 = 0.$$

182. Posons

$$\rho_1 = \beta + x\alpha,$$

l'équation devient

$$S(\beta + x\alpha)\,\varphi(\rho) = 1,$$

ou

$$S\beta\,\varphi(\rho) + x\,S\alpha\,\varphi(\rho) = 1,$$

ou

$$S\,\frac{\beta}{x}\,\varphi(\rho) + S\alpha\,\varphi(\rho) = \frac{1}{x}.$$

Si x croît indéfiniment on obtient, à la limite,

$$S\alpha\,\varphi(\rho) = 0.$$

C'est le plan polaire du point à l'infini dans la direction du vecteur α; on a ainsi retrouvé le plan diamétral conjugué à la direction α.

183. Faisceaux des tangentes issues du point ρ_1. — On écrit que les racines de l'équation en λ (180, 3°) sont égales. En remplaçant ρ_2 par ρ on obtient

$$[S\rho\,\varphi(\rho) - 1]\,[S\rho_1\,\varphi(\rho_1) - 1] - [S\rho\,\varphi(\rho_1) - 1]^2 = 0.$$

Il est facile de vérifier que cette équation représente un cône. En effet, transportons l'origine au point ρ_1 en remplaçant ρ par $\rho_1 + \rho$. On obtient, en remarquant que

$$S(\rho_1 + \rho)\,\varphi(\rho_1 + \rho) - 1 = S\rho_1\,\varphi(\rho_1) - 1 + S\rho\,\varphi(\rho) + 2\,S\rho\,\varphi(\rho_1)$$

et

$$S(\rho_1 + \rho)\,\varphi(\rho_1) - 1 = S\rho_1\,\varphi(\rho_1) - 1 + S\rho\,\varphi(\rho_1)$$

et simplifiant, il reste

$$S\rho\,\varphi(\rho)\,[S\rho_1\,\varphi(\rho_1) - 1] - S^2\rho\,\varphi(\rho_1) = 0,$$

et cette équation représente bien un cône car elle ne change pas si l'on change ρ en $\lambda\rho$.

184. Faisceau des tangentes parallèles à une direction donnée. — Nous pouvons, dans l'équation du cône des tangentes issues de ρ_1, remplacer ρ_1 par $\rho + x\alpha$ puis faire grandir indéfiniment x et passer à la limite. L'équation devenant

$$[S\rho\,\varphi(\rho) - 1]\,[S(\rho + x\alpha)\,\varphi(\rho + x\alpha) - 1] - [S(\rho + x\alpha)\,\varphi(\rho) - 1]^2 = 0,$$

on aura l'équation limite en égalant à zéro le coefficient de x^2 dans le premier membre, soit

$$[S\rho\,\varphi(\rho)-1]\,S\alpha\,\varphi(\alpha)-S^2\alpha\,\varphi(\rho)=o.$$

On peut arriver autrement à cette équation. Soit ρ le vecteur d'un point d'une tangente, le point de contact sera défini par $\rho+x\alpha$, et l'on écrira que cette droite est tangente en posant

$$S(\rho+x\alpha)\,\varphi(\rho+x\alpha)-1=o.$$

et en écrivant que les deux racines de cette équation en x sont égales. En développant, il vient

$$x^2\,S\alpha\,\varphi(\alpha)+2x\,S\rho\,\varphi(\alpha)+S\rho\,\varphi(\rho)-1=o,$$

l'équation demandée est bien

$$[S\rho\,\varphi(\rho)-1]\,S\alpha\,\varphi(\alpha)-S^2\rho\,\varphi(\alpha)=o.$$

185. Remarque. — Pour résoudre ces questions, on peut procéder comme en géométrie analytique, en considérant la surface

$$\lambda[S\rho\,\varphi(\rho)-1]+[S\rho_1\,\varphi(\rho)-1]^2=o,$$

et écrire que cette surface passe par le point ρ_1, ce qui donne, en supprimant le facteur $S\rho_1\,\varphi(\rho_1)-1$ qu'on suppose différent de zéro, puisque le point ρ_1 n'est pas supposé sur la quadrique,

$$\lambda=-[S\rho_1\,\varphi(\rho_1)-1]$$

et l'on retrouve bien l'équation du cône circonscrit.

186. Pareillement, pour obtenir le cylindre circonscrit de direction α, on part de l'équation

$$\lambda[S\rho\,\varphi(\rho)-1]+S^2\rho\,\varphi(\alpha)=o.$$

Si l'on cherche les points communs de cette quadrique avec une droite de direction α, il suffira de remplacer ρ par $\rho+x\alpha$ et de calculer x de façon que

$$\lambda[S(\rho+x\alpha)\,\varphi(\rho+x\alpha)-1]+S^2(\rho+x\alpha)\,\varphi(\alpha)=o,$$

et si l'on veut que la direction α soit asymptotique, il faut que le coefficient de x^2 soit nul, ce qui donne la condition

$$\lambda\,S\alpha\,\varphi(\alpha)+S^2\alpha\,\varphi(\alpha)=o.$$

Nous ne supposons pas

$$S\alpha\,\varphi(\alpha) = 0,$$

car la droite $\rho + x\alpha$ serait direction asymptotique de la quadrique donnée, ce que nous ne supposerons pas. Dans ces conditions

$$\lambda = -\,S\alpha\,\varphi(\alpha),$$

et l'on retrouve bien l'équation du cylindre demandé.

187. Autre remarque. — Pour qu'un point d'intersection de la quadrique et de la droite menée par ρ_1 et ρ_2 soit à l'infini, il faut et il suffit que l'équation en λ (**180**, 3°) ait une racine égale à -1, ce qui donne

$$S(\rho_2 - \rho_1)\,\varphi(\rho_2 - \rho_1) = 0;$$

en remplaçant ρ_2 par ρ et ρ_1 par β, on retrouve le cône des directions asymptotiques de sommet β.

188. Autres calculs. — On peut s'arranger de façon que

$$S\rho\,\varphi(\rho) = \frac{x^2}{a^2} + \frac{y^2}{b^2} + \frac{z^2}{c^2}$$

s'il s'agit de l'ellipsoïde.

Il suffit de poser

$$\varphi(\rho) = \frac{i}{a^2}\,Si\rho + \frac{j}{b^2}\,Sj\rho + \frac{k}{c^2}\,Sk\rho$$
$$= -\frac{i}{a^2}\,x - \frac{j}{b^2}\,y - \frac{k}{c^2}\,z,$$

car

$$S\rho\,\varphi(\rho) = -\frac{x}{a^2}\,Si\rho - \frac{y}{b^2}\,Sj\rho - \frac{z}{c^2}\,Sk\rho;$$

or

$$Si\rho = -x, \qquad Sj\rho = -y, \qquad Sk\rho = -z,$$

donc on a bien

$$S\rho\,\varphi(\rho) = \frac{x^2}{a^2} + \frac{y^2}{b^2} + \frac{z^2}{c^2}.$$

Hamilton introduit en outre la fonction $\psi(\rho)$ telle que

$$\psi^2(\rho) = -\,\varphi(\rho),$$

$\psi^2(\rho)$ désignant $\psi[\psi(\rho)]$.

On voit aisément qu'il snffit de poser

$$\psi(\rho) = -\left(i\frac{S\,i\rho}{a} + j\frac{S\,j\rho}{b} + k\frac{S\,k\rho}{c} \right) = i\frac{x}{a} + j\frac{y}{b} + k\frac{z}{c},$$

car on en tire

$$\psi[\psi(\rho)] = -\left[i\frac{S\,i\,\psi(\rho)}{a} + j\frac{S\,j\,\psi(\rho)}{b} + k\frac{S\,k\,\psi(\rho)}{c} \right]$$

$$= i\frac{S\,i\rho}{a^2} + j\frac{S\,j\rho}{b^2} + k\frac{S\,k\rho}{c^2} = -\,\varphi(\rho).$$

La fonction $\psi(\rho)$ et la fonction $\psi^2(\rho)$ jouissent des mêmes propriétés que $\varphi(\rho)$. Nous allons en voir une application.

L'équation de la quadrique pouvant s'écrire

$$S\rho\,\varphi(\rho) = 1,$$

on peut aussi écrire

$$S\rho\,\psi^2(\rho) = -1$$

ou

$$S\rho\,\psi[\psi(\rho)] = -1;$$

mais

$$S\rho\,\psi[\psi(\rho)] = S\,\psi(\rho)\,\psi(\rho) = -1,$$

donc

$$[\psi(\rho)]^2 = -1,$$

d'où

$$[T\,\psi(\rho)]^2 = 1.$$

L'opération $\psi(\rho)$ transforme l'ellipsoïde en sphère; donc $\psi^{-1}(\rho)$ transforme la sphère en ellipsoïde. C'est ce que l'on peut vérifier.

Posons

$$\psi(\rho) = ix' + jy' + kz',$$

on a

$$\psi(\rho) = i\frac{x}{a} + j\frac{y}{b} + k\frac{z}{c};$$

donc

$$x' = \frac{x}{a}, \quad y' = \frac{y}{b}, \quad z' = \frac{z}{c},$$

et par suite,

$$x'^2 + y'^2 + z'^2 = 1.$$

189. Calcul de $\psi^{-1}(\rho)$. — On a

$$\rho = -i\,S\,i\rho - j\,S\,j\rho - k\,S\,k\rho;$$

remarquons que $\mathrm{S}\,i\rho$, $\mathrm{S}\,j\rho$, $\mathrm{S}\,k\rho$ sont des scalaires, donc

$$\psi^{-1}(\rho) = -\,\mathrm{S}\,i\rho\,\psi^{-1}(i) - \mathrm{S}\,j\rho\,\psi^{-1}(j) - \mathrm{S}\,k\rho\,\psi^{-1}(k);$$

il nous reste à calculer $\psi^{-1}(i)$, $\psi^{-1}(j)$, $\psi^{-1}(k)$.

On a

$$\psi(i) = \frac{i}{a};$$

or

$$\psi^{-1}[\psi(i)] = i,$$

donc

$$\psi^{-1}\frac{i}{a} = i,$$

d'où

$$\psi^{-1}(i) = ai;$$

pareillement

$$\psi^{-1}(j) = bj, \qquad \psi^{-1}(k) = cj;$$

d'où il résulte que

$$\psi^{-1}(\rho) = iax + jby + kcz,$$

si l'on pose

$$\psi^{-1}(\rho) = ix' + jy' + kz',$$

d'où

$$x = \frac{x'}{a}, \qquad y = \frac{y'}{b}, \qquad z = \frac{z'}{c};$$

on voit que si

$$x^2 + y^2 + z^2 = 1,$$

on en déduira

$$\frac{x'^2}{a^2} + \frac{y'^2}{b^2} + \frac{z'^2}{c^2} = 1.$$

190. On peut calculer $\varphi^2(\rho)$ et $\varphi^{-1}(\rho)$.

On a, en effet,

$$\varphi(i) = \frac{i}{a^2}\,\mathrm{S}\,i^2 = -\frac{i}{a^2};$$

de même

$$\varphi(j) = -\frac{j}{b^2},$$

$$\varphi(k) = -\frac{k}{c^2}.$$

Mais

$$\varphi^2(\rho) = \varphi[\varphi(\rho)] = \mathrm{S}\,i\rho\,\frac{\varphi(i)}{a^2} + \mathrm{S}\,j\rho\,\frac{\varphi(j)}{b} + \mathrm{S}\,k\rho\,\frac{\varphi(k)}{c^2};$$

donc

$$\varphi^2(\rho) = -\,i\,\frac{\mathrm{S}\,i\rho}{a^4} - j\,\frac{\mathrm{S}\,j\rho}{b^4} - k\,\frac{\mathrm{S}\,k\rho}{c^4}$$

ou
$$\varphi^2(\rho) = i\,\frac{x}{a^4} + j\,\frac{y}{b^4} + k\,\frac{z}{c^4}.$$

Calculons maintenant
$$\varphi^{-1}(\rho),$$
on a
$$\varphi^{-1}[\varphi(i)] = i,$$
donc en remplaçant
$$\varphi(i) \quad \text{par} \quad -\frac{i}{a^2},$$
$$-\frac{\varphi^{-1}(i)}{a^2} = i;$$
donc
$$\varphi^{-1}(i) = -\,a^2\,i;$$
pareillement
$$\varphi^{-1}(j) = -\,b^2\,j, \qquad \varphi^{-1}(k) = -\,b^2\,k,$$
d'où, enfin,
$$\varphi^{-1}(\rho) = -\,\mathrm{S}\,i\rho\,\varphi^{-1}(i) - \mathrm{S}\,j\rho\,\varphi^{-1}(j) - \mathrm{S}\,k\rho\,\varphi^{-1}(k),$$
c'est-à-dire
$$\varphi^{-1}(\rho) = a^2\,i\,\mathrm{S}\,i\rho + b^2\,j\,\mathrm{S}\,j\rho + c^2\,k\,\mathrm{S}\,k\rho$$
ou
$$\varphi^{-1}(\rho) = a^2\,ix + b^2\,jy + c^2\,kz.$$
D'ailleurs
$$\psi^{-2}[\psi^2(\rho)] = \rho$$
ou
$$\psi^{-2}[\varphi(\rho)] = -\,\rho.$$
Mais
$$\varphi^{-1}[\varphi(\rho)] = \rho,$$
on en conclut
$$\psi^{-2}(\rho) = -\,\varphi^{-1}(\rho) = +\,a^2\,ix + b^2\,jy + c^2\,kz.$$

191. Exercice. — *Lieu des points communs aux plans tangents aux extrémités de trois diamètres conjugués.*

Appelons α, β, γ les trois demi-diamètres en tant que vecteurs. Les plans tangents aux extrémités de ces vecteurs ont pour équation
$$\mathrm{S}\,\rho\,\varphi(\alpha) = 1,$$
$$\mathrm{S}\,\rho\,\varphi(\beta) = 1,$$
$$\mathrm{S}\,\rho\,\varphi(\gamma) = 1.$$

Mais nous pouvons introduire la fonction ψ et écrire

$$S\rho\,\psi^2(\alpha) = -1,$$
$$S\rho\,\psi^2(\beta) = -1,$$
$$S\rho\,\psi^2(\gamma) = -1,$$

et nous savons que $\psi(\alpha)$, $\psi(\beta)$, $\psi(\gamma)$ forment un système rectangulaire de vecteurs-unités. On peut poser

$$\psi(\rho) = x\,\psi(\alpha) + y\,\psi(\beta) + z\,\psi(\gamma),$$

on en déduit

$$S\,\psi(\rho)\,\psi(\alpha) = x\,S\,\psi(\alpha)^2 + y\,S\,\psi(\alpha)\psi(\beta) + z\,S\,\psi(\alpha)\psi(\gamma).$$

Mais

$$S\,\psi(\rho)\,\psi(\alpha) = S\rho\,\psi^2(\alpha) = -1,$$
$$S\,\psi(\alpha)^2 = -1, \qquad S\,\psi(\alpha)\psi(\beta) = 0, \qquad S\,\psi(\alpha)\psi(\gamma) = 0;$$

donc $x = 1$; on aura de même $y = 1$, $z = 1$ et par suite

$$\psi(\rho) = \psi(\alpha) + \psi(\beta) + \psi(\gamma).$$

On en conclut

$$T\,\psi(\rho) = \sqrt{3},$$

d'où

$$S\rho\,\psi^2(\rho) = -3$$

ou

$$S\rho\,\varphi(\rho) = 3.$$

On obtient cette équation en partant de l'équation de l'ellipsoïde donné

$$S\rho\,\varphi(\rho) = 1,$$

et en y remplaçant ρ par $\dfrac{\rho}{\sqrt{3}}$.

Le lieu est donc un ellipsoïde homothétique et concentrique à l'ellipsoïde proposé.

192. Exercice. — *Lieu des points communs à trois sphères ayant pour diamètres trois demi-diamètres conjugués d'un ellipsoïde.*

Soient α, β, γ les vecteurs qui représentent ces trois demi-diamètres. L'une des sphères a pour équation

$$S\alpha\rho = \rho^2.$$

Mais

$$S\alpha\rho = S\rho\,\psi^{-1}[\psi(\alpha)] = S\,\psi(\alpha)\,\psi^{-1}(\rho).$$

Nous pouvons poser

$$\psi^{-1}(\rho) = x\,\psi(\alpha) + y\,\psi(\beta) + z\,\psi(\gamma),$$

d'où

$$S\,\psi(\alpha)\,\psi^{-1}(\rho) = x\,S\,\psi(\alpha)^2 + y\,S\,\psi(\alpha)\psi(\beta) + z\,S\,\psi(\gamma)\psi(\alpha).$$

Le premier membre est égal à ρ^2 et le second se réduit à $-x$, donc $x = -\rho^2$; on trouvera de même $y = -\rho^2$, $z = -\rho^2$, et par suite

$$- \psi^{-1}(\rho) = \rho^2 [\psi(\alpha) + \psi(\beta) + \psi(\gamma)].$$

Il en résulte, en remarquant que le tenseur de la parenthèse est égal à $\sqrt{3}$, que

(1)
$$T\,\psi^{-1}(\rho) = \sqrt{3} \times T\,\rho^2,$$

ou

$$T[\psi^{-1}(\rho^{-1})] = \sqrt{3},$$

ou encore

$$[T\,\psi^{-1}(\rho^{-1})]^2 = 3,$$

ce qui peut s'écrire aussi

$$S\,\psi^{-1}(\rho^{-1})\,\psi^{-1}(\rho^{-1}) = -3$$

ou

$$S\,\rho^{-1}\,\psi^{-2}(\rho^{-1}) = -3,$$

et en multipliant les deux membres par ρ^4

(2)
$$S\,\rho\,\psi^{-2}(\rho) = -3\,\rho^4.$$

D'ailleurs si l'on introduit les coordonnées cartésiennes, l'équation (1) équivaut à

$$a^2 x^2 + b^2 y^2 + c^2 z^2 = 3(x^2 + y^2 + z^2)^2$$

et cette dernière est aussi équivalente à l'équation (2) ; il suffit pour le voir de rappeler que

$$\rho = ix + jy + kz,$$
$$\psi^2(\rho) = a^2 ix + b^2 jy + c^2 kz.$$

193. Propriétés de trois vecteurs rectangulaires et unitaires. —
Soient α, β, γ ces vecteurs. Nous avons posé

$$S\,\rho\,\varphi(\rho) = \frac{(S i\rho)^2}{a^2} + \frac{(S j\rho)^2}{b^2} + \frac{(S k\rho)^2}{c^2} ;$$

en appliquant cette formule aux vecteurs α, β, γ :

(1)
$$\begin{cases} S\,\alpha\,\varphi(\alpha) = \dfrac{(S i\alpha)^2}{a^2} + \dfrac{(S j\alpha)^2}{b^2} + \dfrac{(S k\alpha)^2}{c^2}, \\[2mm] S\,\beta\,\varphi(\beta) = \dfrac{(S i\beta)^2}{a^2} + \dfrac{(S j\beta)^2}{b^2} + \dfrac{(S k\beta)^2}{c^2}, \\[2mm] S\,\gamma\,\varphi(\gamma) = \dfrac{(S i\gamma)^2}{a^2} + \dfrac{(S j\gamma)^2}{b^2} + \dfrac{(S k\gamma)^2}{c^2}. \end{cases}$$

Mais

$$(S i\rho)^2 + (S j\rho)^2 + (S k\rho)^2 = -\rho^2.$$

Supposons que les vecteurs α, β, γ soient unitaires. Comme ils jouissent des mêmes propriétés que i, j, k on peut les prendre pour axes et appliquer la formule précédente au vecteur i, ce qui donne

$$(S\alpha i)^2 + (S\beta i)^2 + (S\gamma i)^2 = -i^2 = +1$$

et pareillement pour j et k.

Donc en ajoutant membre à membre les équations (1) on aura

$$S\alpha\,\varphi(\alpha) + S\beta\,\varphi(\beta) + S\gamma\,\varphi(\gamma) = \frac{1}{a^2} + \frac{1}{b^2} + \frac{1}{c^2}.$$

On peut également calculer

$$S\,\varphi(\alpha)\,\varphi(\beta)\,\varphi(\gamma).$$

Comme

$$\varphi(\alpha) = i\frac{S\,i\alpha}{a^2} + j\frac{S\,j\alpha}{b^2} + k\frac{S\,k\alpha}{c^2},$$

$$\varphi(\beta) = i\frac{S\,i\beta}{a^2} + j\frac{S\,j\beta}{b^2} + k\frac{S\,k\beta}{c^2},$$

$$\varphi(\gamma) = i\frac{S\,i\beta}{a} + j\frac{S\,j\beta}{b^2} + k\frac{S\,k\gamma}{c^2},$$

on a

$$S\,\varphi(\alpha)\,\varphi(\beta)\,\varphi(\gamma) = \frac{1}{a^2 b^2 c^2}\begin{vmatrix} S\,i\alpha & S\,j\alpha & S\,k\alpha \\ S\,i\beta & S\,j\beta & S\,k\beta \\ S\,i\gamma & S\,j\gamma & S\,k\gamma \end{vmatrix}.$$

Or

$$-\alpha = iS\,i\alpha + jS\,j\alpha + kS\,k\alpha,$$
$$-\beta = iS\,i\beta + jS\,j\beta + kS\,k\beta,$$
$$-\gamma = iS\,i\gamma + jS\,j\gamma + kS\,k\gamma,$$

le déterminant est donc le scalaire du produit $-\alpha\beta\gamma$ et par suite égal à -1; donc

$$S\,\varphi(\alpha)\,\varphi(\beta)\,\varphi(\gamma) = \frac{1}{a^2 b^2 c^2}.$$

194. Exercice. — *Lieu des points d'où l'on peut mener à un ellipsoïde trois tangentes rectangulaires deux à deux.* — Soit ρ un point par lequel nous mènerons une droite de direction α. Une pareille droite étant supposée tangente à la quadrique définie par l'équation

$$S\rho\,\varphi(\rho) = 1,$$

on devra déterminer x de façon que l'équation

$$S(\rho + x\alpha)\,\varphi(\rho + x\alpha) = 1$$

ait ses racines égales. Cette équation développée étant

$$x^2 \, S \, \alpha \, \varphi(\alpha) + 2x \, S \, \alpha \, \varphi(\rho) + S \, \rho \, \varphi(\rho) - 1 = 0,$$

en doit poser la condition

$$S^2 \, \alpha \, \varphi(\rho) = S \, \alpha \, \varphi(\alpha) \, [S \, \rho \, \varphi(\rho) - 1].$$

On aura pareillement pour les deux autres tangentes

$$S^2 \, \beta \, \varphi(\rho) = S \, \beta \, \varphi(\beta) \, [S \, \rho \, \varphi(\rho) - 1],$$
$$S^2 \, \gamma \, \varphi(\rho) = S \, \gamma \, \varphi(\gamma) \, [S \, \rho \, \varphi(\rho) - 1].$$

Nous supposerons les vecteurs α, β, γ unitaires et deux à deux rectangulaires. On peut poser

$$\varphi(\rho) = x\alpha + y\beta + z\gamma$$

avec les conditions

$$\alpha^2 = \beta^2 = \gamma^2 = -1, \qquad S \, \beta\gamma = S \, \gamma\alpha = S \, \alpha\beta = 0;$$

or

$$S \, \alpha \, \varphi(\rho) = x\alpha^2 + y \, S \, \alpha\beta + z \, S \, \alpha\gamma = -x;$$

pareillement

$$S \, \beta \, \varphi(\beta) = -y, \qquad S \, \gamma \, \varphi(\gamma) = -z,$$

donc

$$S^2 \, \alpha \, \varphi(\alpha) + S^2 \, \beta \, \varphi(\beta) + S^2 \, \gamma \, \varphi(\gamma) = x^2 + y^2 + z^2 = -[\varphi(\rho)]^2.$$

D'autre part nous avons vu que

$$S \, \alpha \, \varphi(\alpha) + S \, \beta \, \varphi(\beta) + S \, \gamma \, \varphi(\gamma) = \frac{1}{a^2} + \frac{1}{b^2} + \frac{1}{c^2}.$$

Donc, en ajoutant membre à membre les trois équations que ρ doit vérifier, nous aurons

$$-[\varphi(\rho)]^2 = \left(\frac{1}{a^2} + \frac{1}{b^2} - \frac{1}{c^2} \right) [S \, \rho \, \varphi(\gamma) - 1],$$

équation d'une quadrique ayant les mêmes axes que la proposée. Si celle-ci a pour équation

$$\frac{x^2}{a^2} + \frac{y^2}{b^2} + \frac{z^2}{c^2} = 1,$$

la seconde aura pour équation

$$\frac{x^2}{a^2} \left(\frac{1}{b^2} + \frac{1}{c^2} \right) + \frac{y^2}{b^2} \left(\frac{1}{c^2} + \frac{1}{a^2} \right) + \frac{z^2}{c^2} \left(\frac{1}{a^2} + \frac{1}{b^2} \right) = \frac{1}{a^2} + \frac{1}{b^2} + \frac{1}{c^2}.$$

195. Équation d'un ellipsoïde rapporté à trois diamètres conjugués. — Soient α, β, γ les vecteurs représentant trois demi-diamètres conjugués de l'ellipsoïde ayant pour équation

$$S \rho \varphi(\rho) = 1.$$

Nous aurons

$$S \alpha \varphi(\alpha) = 1, \qquad S \alpha \varphi(\beta) = S \beta \varphi(\alpha) = 0,$$
$$S \beta \varphi(\beta) = 1, \qquad S \beta \varphi(\gamma) = S \gamma \varphi(\beta) = 0,$$
$$S \gamma \varphi(\gamma) = 1, \qquad S \gamma \varphi(\alpha) = S \alpha \varphi(\gamma) = 0.$$

Le vecteur $\varphi(\alpha)$ est perpendiculaire à β et à γ, donc

$$x \varphi(\alpha) = V \beta \gamma,$$

car

$$\varphi(x \alpha) = x \varphi(\alpha),$$

on en tire

$$x S \alpha \varphi(\alpha) = S \alpha V \beta \gamma = S \alpha \beta \gamma$$

ou

$$x = S \alpha \beta \gamma,$$

donc

$$\varphi(\alpha) S \alpha \beta \gamma = V \beta \gamma ;$$

on aura de même

$$\varphi(\beta) S \beta \gamma \alpha = V \gamma \alpha,$$
$$\varphi(\gamma) S \gamma \alpha \beta = V \alpha \beta.$$

Mais on sait que

$$\rho \, S \alpha \beta \gamma = \alpha \, S \beta \gamma \rho + \beta \, S \gamma \alpha \rho + \gamma \, S \alpha \beta \rho.$$

On en tire, à cause des propriétés de la fonction φ,

$$\varphi(\rho) . S^2 \alpha \beta \gamma = \varphi(\alpha) \, S \alpha \beta \gamma \, S \beta \gamma \rho + \varphi(\beta) \, S \alpha \beta \gamma \, S \gamma \alpha \rho + \varphi(\gamma) \, S \alpha \beta \gamma \, S \alpha \beta \rho$$

ou, en tenant compte de ce qui précède,

$$\varphi(\rho) \, S^2 \alpha \beta \gamma = V \beta \gamma \, S \beta \gamma \rho + V \gamma \alpha \, S \gamma \alpha \rho + V \alpha \beta \, S \alpha \beta \rho.$$

Multiplions ρ par chacun des deux nombres et prenons les scalaires, en tenant compte de

$$S \rho \varphi(\varphi) = 1,$$

on obtient

$$S^2 \alpha \beta \gamma = S \rho \, V \beta \gamma \, S \beta \gamma \rho + S \rho \, V \gamma \alpha \, S \gamma \alpha \rho + S \rho \, V \alpha \beta \, S \alpha \beta \rho.$$

Mais

$$S \rho \, V \beta \gamma = S \beta \gamma \rho$$

et de même pour les termes analogues ; nous aurons donc

$$S^2 \alpha \beta \gamma = S^2 \beta \gamma \rho + S^2 \gamma \alpha \rho + S^2 \alpha \beta \rho.$$

Prenons trois axes de coordonnées dirigés suivant α, β, γ. Soient A, B, C les extrémités de ces vecteurs. On voit que la relation précédente peut s'écrire, en désignant par M l'extrémité du vecteur ρ,

$$(\text{OABC})^2 = (\text{OABM})^2 + (\text{OBCM})^2 + (\text{OABM})^2,$$

(OABC), (OBCM) désignant les volumes des tétraèdres OABC, OBCM, etc. Or si x, y, z sont les coordonnées de M rapporté aux nouveaux axes et a', b', c' les longueurs des demi-diamètres donnés, on a

$$\text{vol}(\text{OABC}) = a'\,b'\,c'\,\sin xyz,$$
$$\text{vol}(\text{OBCM}) = b'\,c'\,x\,\sin xyz,$$
$$\dots\dots\dots\dots\dots\dots\dots\dots\dots;$$

donc, en supprimant le facteur $\sin^2 xyz$,

$$a'^2 b'^2 c'^2 = b'^2 c'^2 x^2 + a'^2 a'^2 y^2 + a'^2 b'^2 z^2$$

ou

$$\frac{x^2}{a'^2} + \frac{y^2}{b'^2} + \frac{z^2}{c'^2} = 1.$$

Remarque. — On peut retrouver les théorèmes d'Apollonius comme en géométrie analytique. Un ellipsoïde étant rapporté à ses axes de symétrie, si l'on considère l'expression

$$\rho^2 + \lambda\,\text{S}\rho\,\varphi(\rho),$$

on reconnaît aisément que cette expression se réduit à une somme de deux carrés si l'on pose

$$\lambda = a^2, \qquad \text{ou} \qquad \lambda = b^2, \qquad \text{ou encore} \qquad \lambda = c^2.$$

Mais cette expression est équivalente à

$$- (x'^2 + y'^2 + z'^2 + 2y'z'\cos\lambda + 2z'x'\cos\mu + 2x'y'\cos\nu)$$
$$+ \lambda\left(\frac{x'^2}{a'^2} + \frac{y'^2}{b'^2} + \frac{z'^2}{c'^2}\right);$$

en annulant le discriminant on aura une équation en λ qu'on identifiera avec

$$(\lambda - a^2)(\lambda - b)(\lambda - c^2) = 0.$$

Le calcul est le même qu'en géométrie analytique; l'équation en λ coïncide avec l'équation en S. On a changé de notation pour éviter des confusions possibles.

196. Exercice. — *Lieu des points dont les plans polaires par rapport à un ellipsoïde sont à une distance invariable du centre de cette-surface.* — Soit

$$S\, p\, \varphi(p) = 1$$

l'équation de la quadrique et soit r le vecteur qui aboutit à un point du lieu. Le plan polaire de ce point a pour équation

$$S\, p\, \varphi(r) = 1,$$

il est perpendiculaire au vecteur $\varphi(r)$, et il sera à une distance donnée d du centre, si

$$[\varphi(r)]^2 = -d^2.$$

Considérons l'expression

$$S\, r\, \varphi^2(r).$$

On peut l'écrire ainsi

$$S\, r\, \varphi^2(r) = S\, r\, \varphi[\varphi(r)]$$

et par suite, à cause de la propriété fondamentale de la fonction φ,

$$S\, \varphi(r)\, \varphi(r)$$

ou

$$[\varphi(r)]^2.$$

L'équation de la surface lieu du point r est donc

$$S\, r\, \varphi^2(r) = -d^2.$$

D'autre part, si

$$r = i\, x + j\, y + k\, z,$$

$$\varphi(r) = - i\frac{x}{a^2} - j\frac{y}{b^2} - k\frac{z}{c^2},$$

$$[T\, \varphi(r)]^2 = \frac{x^2}{a^4} + \frac{y^2}{b^4} + \frac{z^2}{c^4},$$

l'équation du lieu est donc l'ellipsoïde ayant pour équation

$$\frac{x^2}{a^4} + \frac{y^2}{b^4} + \frac{z^2}{c^4} = d^2.$$

On a

$$\varphi^2(r) = i\frac{x}{a^4} + j\frac{y}{b^4} + k\frac{z}{c^4};$$

donc

$$S\, r\, \varphi^2(r) = -\frac{x^2}{a^4} - \frac{y^2}{b^4} - \frac{z^2}{c^4};$$

et l'on retrouve la même équation.

2° QUADRIQUES QUELCONQUES.

197. L'équation générale des quadriques étant de la forme

$$\varphi_2(x, y, z) + \varphi_1(x. y, z) + D = 0,$$

où φ_2 et φ_1 désignent deux polynomes homogènes du second et du premier degré. On pourra mettre l'équation d'une quadrique quelconque sous la forme

$$A\rho^2 + 2S\chi\rho\,S\chi_1\rho + 2S\chi_2\rho + D = 0$$

et, en posant

$$\varphi(\rho) = A\rho + \chi\,S\chi_1\rho + \chi_1\,S\chi\rho,$$

on écrira

$$S\rho\,\varphi(\rho) + 2S\chi_2\rho + D = 0.$$

On vérifie immédiatement que la surface représentée par une pareille équation est coupée par une droite quelconque en deux points.

La recherche du centre se ferait sans difficulté en remplaçant ρ par $\rho + h$, et déterminant h de façon que l'équation obtenue ne change pas quand on change ρ en $-\rho$.

Cherchons les plans diamétraux. En procédant comme nous l'avons déjà fait pour les quadriques à centre unique à distance finie, nous obtiendrons l'équation

$$S\rho\,\varphi(\alpha) + S\chi_2\alpha = 0.$$

Cette équation représente un plan parallèle au plan donné par

$$S\rho\,\varphi(\alpha) = 0.$$

Pour que le vecteur α corresponde à une direction principale, il faut que ce plan se confonde avec le plan ayant pour équation

$$S\rho\alpha = 0,$$

et l'on devra poser

$$\varphi(\alpha) = \lambda\alpha,$$

λ étant une constante scalaire, c'est-à-dire poser

$$A\alpha + \chi\,S\chi_1\alpha + \chi_1\,S\chi\alpha = \lambda\alpha,$$

d'où l'on tire, en supposant

$$\chi = ip + jq + kr,$$
$$\chi_1 = ip_1 + jq_1 + kr_1,$$
$$\alpha = il + jm + kn,$$

et égalant les coefficients de i, j, k :

$$(A - 2pp_1 - \lambda)l - (pq_1 + qp_1)m - (pr_1 + rp_1)n = 0,$$
$$-(pq_1 + qp_1)l + (A - 2qq_1 - \lambda)m - (qr_1 + rq_1)n = 0,$$
$$-(pr_1 + rp_1)l - (qr_1 + rq_1)m + (A - 2rr_1 - \lambda)n = 0;$$

en écrivant que ces équations ont des solutions autres que la solution *zéro*, on obtiendra une équation du troisième degré en λ, qui ne diffère pas de l'équation en S. Il est inutile d'entrer dans les détails.

GÉNÉRATRICES RECTILIGNES D'UNE QUADRIQUE A CENTRE.

198. Première méthode. — Soient

$$S\rho\,\varphi(\rho) = 1$$

l'équation de la quadrique à centre donné et

$$\rho = \alpha + x\beta$$

l'équation d'une droite. Pour que cette droite soit sur la surface donnée, il faut et il suffit que l'équation

$$S(\alpha + x\beta)\,\varphi(\alpha + x\beta) = 1$$

soit vérifiée quel que soit le scalaire x. En développant on trouve

$$x^2 S\beta\varphi(\beta) + 2x S\alpha\varphi(\beta) + S\alpha\varphi(\alpha) - 1 = 0.$$

Il faut donc que α et β vérifient les trois équations

$$S\beta\varphi(\beta) = 0,$$
$$S\alpha\varphi(\beta) = 0 = S\beta\varphi(\alpha),$$
$$S\alpha\varphi(\alpha) - 1 = 0.$$

La dernière équation exprime que le point α doit être un point de la quadrique, la première que la droite doit être parallèle à une génératrice du cône asymptote, la seconde exprime que la droite doit être parallèle au plan tangent mené à l'extrémité de α. Par suite, par chaque point M de la surface, il passe deux droites situées tout entières sur cette surface et que l'on obtient en coupant le cône des directions asymptotiques de sommet M par le plan tangent en M à sa quadrique. Ces droites sont des *génératrices rectilignes* passant par M. Du point de vue géométrique, la solution est complète.

Il s'agit d'exprimer β.

Des deux premières équations il résulte que $\varphi(\beta)$ est perpendiculaire aux vecteurs α et β. On peut donc poser

$$y\,\varphi(\beta) = \mathrm{V}\,\alpha\beta.$$

Il s'agit de calculer y. Pour cela nous utiliserons une identité.

199. Nous supposons que la surface soit un hyperboloïde rapporté à ses axes et par suite ait pour équation cartésienne

$$\frac{x^2}{a^2} + \frac{y^2}{b^2} - \frac{z^2}{c^2} = 1,$$

de telle sorte que nous posons

$$\varphi(\rho) = -\frac{i}{a^2}\,x - \frac{j}{b^2}\,y + \frac{k}{c^2}\,z$$

et

$$\varphi^{-1}(\rho) = -ia^2\,x - jb^2\,y + kc^2\,z.$$

Supposons que

$$\mathrm{V}\,\alpha\beta = i\xi + j\eta + k\zeta,$$

on aura, comme il est bien aisé de le voir,

$$\mathrm{V}\,\varphi(\alpha)\,\varphi(\beta) = -\frac{i}{b^2c^2}\,\xi - \frac{j}{c^2a^2}\,\eta + \frac{k}{a^2b^2}\,\zeta,$$

donc

$$a^2b^2c^2\,\mathrm{V}\,\varphi(\alpha)\,\varphi(\beta) = -ia^2\,\xi - jb^2\,\eta + kc^2\,\zeta,$$

c'est-à-dire

$$(1) \qquad a^2b^2c^2\,\mathrm{V}\,\varphi(\alpha)\,\varphi(\beta) = \varphi^{-1}\,\mathrm{V}\,\alpha\beta.$$

Cela étant, de

$$y\,\varphi(\beta) = \mathrm{V}\,\alpha\beta,$$

nous tirons

$$y\,\mathrm{V}\,\varphi(\alpha)\,\varphi(\beta) = \mathrm{V}\,\varphi(\alpha)\,\mathrm{V}\,\alpha\beta$$

ou

$$\frac{y}{a^2 b^2 c^2}\,\varphi^{-1}\,\mathrm{V}\alpha\beta = \mathrm{V}\,\varphi(\alpha)\,\mathrm{V}\alpha\beta$$
$$= \mathrm{V}\,\varphi(\alpha)\alpha\beta - \varphi(\alpha)\,\mathrm{S}\alpha\beta$$
$$= \beta\,\mathrm{S}\alpha\,\varphi(\alpha) - \alpha\,\mathrm{S}\beta\,\varphi(\alpha).$$

Mais

$$\mathrm{S}\alpha\,\varphi(\alpha) = 1, \qquad \mathrm{S}\beta\varphi(a) = 0,$$

il reste donc

$$(2) \qquad \frac{y}{a^2 b^2 c^2}\,\varphi^{-1}\,\mathrm{V}\alpha\beta = \beta\,;$$

d'ailleurs

$$y\,\varphi(\beta) = \mathrm{V}\alpha\beta$$

peut s'écrire aussi

$$(3) \qquad y\beta = \varphi^{-1}\,\mathrm{V}\alpha\beta\,;$$

en comparant les équations (2) et (3) on obtient

$$y^2 = a^2 b^2 c^2,$$

c'est-à-dire

$$y = \varepsilon abc \qquad (\varepsilon = \pm 1).$$

Cela posé, soient λ et μ deux vecteurs non situés dans un même plan avec α.

On a

$$\mathrm{S}\lambda\,\varphi(\beta) = \mathrm{S}\beta\,\varphi(\lambda),$$
$$\mathrm{S}\lambda\,\mathrm{V}\alpha\beta = \mathrm{S}\lambda\alpha\beta = -\mathrm{S}\beta\alpha\lambda = -\mathrm{S}\beta\,\mathrm{V}\alpha\lambda,$$
$$y\,\mathrm{S}\lambda\,\varphi(\beta) = \mathrm{S}\lambda\,\mathrm{V}\alpha\beta = -\mathrm{S}\beta\,\mathrm{V}\alpha\lambda,$$

donc

$$y\,\mathrm{S}\lambda\,\varphi(\beta) + \mathrm{S}\beta\,\mathrm{V}\alpha\lambda = 0,$$

ce qui peut s'écrire

$$\mathrm{S}\beta[y\,\varphi(\lambda) + \mathrm{V}\alpha\lambda] = 0.$$

On aura de la même façon

$$\mathrm{S}\beta[y\,\varphi(\mu) - \mathrm{V}\mu\alpha] = 0,$$

il en résulte que β est perpendiculaire aux deux vecteurs définis par les deux parenthèses, et par suite, k étant un scalaire,

$$\beta = \mathrm{V}[y\,\varphi(\alpha) + \mathrm{V}\alpha\lambda].[y\,\varphi(\mu) - \mathrm{V}\mu\alpha]$$

ou

$$(4) \qquad h\beta = y^2\,\mathrm{V}\,\varphi(\lambda)\,\varphi(\mu) + y\left\{\mathrm{V}[\mathrm{V}\alpha\lambda\,\varphi(\mu)] - \mathrm{V}[\varphi(\lambda)\,\mathrm{V}\mu\alpha]\right\}$$
$$- \mathrm{V}[\mathrm{V}\alpha\lambda\,\mathrm{V}\mu\alpha].$$

L'identité (1) s'applique aux vecteurs λ, μ; donc, en remplaçant y^2 par $a^2 b^2 c^2$, on voit que le premier terme de l'égalité (4) se réduit à

$$\varphi^{-1} \, V \lambda \mu.$$

Mais nous pouvons prendre pour λ et μ deux vecteurs perpendiculaires à α et tels que

$$V \lambda \mu = \alpha,$$

le premier terme de (4) se réduit donc à

$$\varphi^{-1}(\alpha).$$

Calculons le second terme.

Or, d'après ce qu'on a déjà vu,

$$V[V \alpha \lambda \, \varphi(\mu)] = \alpha \, S \, \lambda \, \varphi(\mu) - \lambda \, S \, \alpha \, \varphi(\mu),$$
$$V[\varphi(\lambda) \, V \mu \alpha] = \alpha \, S \, \mu \, \varphi(\lambda) - \mu \, S \, \alpha \, \varphi(\lambda),$$

le coefficient de y est donc

$$\mu \, S \, \lambda \, \varphi(\alpha) - \lambda \, S \, \mu \, \varphi(\alpha) = V \, \varphi(\alpha) \, V \lambda \mu$$

ou enfin

$$- V \, \alpha \, \varphi(\alpha).$$

Calculons enfin le dernier terme

$$- V(V \alpha \lambda \, V \mu \alpha),$$

on a par hypothèse

$$S \, \alpha \lambda = o, \qquad S \, \mu \alpha = o,$$

donc on peut écrire

$$- V \alpha \lambda \mu \alpha = V \mu \alpha \alpha \lambda = - \alpha^2 \, V \lambda \mu$$

ou

$$- \alpha^2 \alpha,$$

et nous pouvons écrire

$$h \beta = \varphi^{-1}(\alpha) - \alpha^2 \alpha \pm abc \, V \alpha \, \varphi(\alpha).$$

On peut encore réunir les deux premiers termes. En effet :

$$V[\alpha V \alpha \, \varphi(\alpha)] = \alpha^2 \, \varphi(\alpha) - V \alpha \, S \alpha \, \varphi(\alpha)$$
$$= \alpha^2 \, \varphi(\alpha) - \alpha,$$

d'où

$$\varphi^{-1}[V . \alpha V \alpha \, \varphi(\alpha)] = \alpha^2 \alpha - \varphi^{-1}(\alpha).$$

Nous pouvons enfin écrire

$$(5) \qquad h \beta = - \varphi^{-1} \, V[\alpha V \alpha \, \varphi(\alpha)] \pm abc \, V \alpha \, \varphi(\alpha).$$

Si h varie de $-\infty$ à $+\infty$, le point $h\beta$ décrit l'une ou l'autre des deux génératrices obtenues.

200. Remarque. — Ce calcul est sans doute un peu long, mais il est vraiment ingénieux et digne d'attention. Le lecteur qui le relira dans l'ouvrage du savant P. G. Tait sera peut-être surpris d'y rencontrer un coefficient désigné par la lettre m, qui joue un grand rôle dans un autre chapitre et qu'il n'est pas inutile d'envisager.

Étant donnés trois vecteurs non coplanaires α, β, γ, et une fonction φ conjuguée d'elle-même, on pose

$$m = \frac{S\,\varphi(\alpha)\,\varphi(\beta)\,\varphi(\gamma)}{S\,\alpha\beta\gamma}.$$

Cette expression est un invariant.

Si l'on exprime α, β, γ au moyen de trois autres vecteurs α', β', γ' non coplanaires, m conserve sa valeur. Supposons en effet

$$\alpha = x\,\alpha' + y\,\beta' + z\,\gamma',$$
$$\beta = x'\alpha' + y'\beta' + z'\gamma',$$
$$\gamma = x''\alpha' + y''\beta' + z''\gamma',$$

on trouvera immédiatement

$$\varphi(\alpha) = x\,\varphi(\alpha') + y\,\varphi(\beta') + z\,\varphi(\gamma'),$$
$$\varphi(\beta) = x'\varphi(\alpha') + y'\varphi(\beta') + z'\varphi(\gamma'),$$
$$\varphi(\gamma) = x''\varphi(\alpha'') + y''\varphi(\beta'') + z''\varphi(\gamma''),$$

et l'on aura

$$S\,\varphi(\alpha)\,\varphi(\beta)\,\varphi(\gamma) = S\,\varphi(\alpha')\,\varphi(\beta')\,\varphi(\gamma') \times \Delta,$$
$$S\,\alpha\beta\gamma = S\,\alpha'\beta'\gamma' \times \Delta,$$

où

$$\Delta = \begin{vmatrix} x & y & z \\ x' & y' & z' \\ x'' & y'' & z'' \end{vmatrix},$$

et par suite

$$\frac{S\,\varphi(\alpha')\,\varphi(\beta')\,\varphi(\gamma')}{S\,\alpha'\beta'\gamma'} = \frac{S\,\varphi(\alpha)\,\varphi(\beta)\,\varphi(\gamma)}{S\,\alpha\beta\gamma}.$$

A vrai dire, Hamilton applique cette remarque à la fonction φ conjuguée de φ et définie par

$$S\,\rho\,\varphi(\sigma) = S\,\sigma\,\varphi'(\rho),$$

Mais pour les quadriques considérées, nous savons que les fonctions φ et φ' sont identiques. Pour calculer m correspondant à une fonction φ nous pourrons remplacer, par suite, α, β, γ par i, j, k. Alors

$$S\,ijk = -1,$$

$$\varphi(i) = -\frac{i}{a^2}, \qquad \varphi(j) = -\frac{j}{b^2}, \qquad \varphi(k) = \frac{k}{c^2},$$

$$S\,\varphi(i)\varphi(j)\varphi(k) = -\frac{1}{a^2 b^2 c^2};$$

donc

$$m = \frac{1}{a^2 b^2 c^2}.$$

201. Application. — Nous considérerons le point $(a,\ b,\ c)$ de l'hyperboloïde et nous poserons

$$\alpha = ia + jb + kc,$$

d'où

$$\varphi(\alpha) = -\frac{i}{a} - \frac{j}{b} + \frac{k}{c},$$

on obtient

$$h\beta = -ia^3 + jb^3 + kc^3 + (a^2 + b^2 + c^2)(ia + jb + kc),$$

$$\pm\,abc\left[i\frac{b^2 + c^2}{bc} + j\frac{c^2 - a^2}{ac} + k\frac{b^2 - a^2}{ab}\right];$$

avec le signe $+$:

$$h'\beta' = 2\,ia(b^2 + c^2) + 2\,kc(b^2 + c^2) = 2(b^2 + c^2)(ia + kc),$$

et avec le signe $-$:

$$h''\beta'' = 2(a^2 + c^2)(jb + kc),$$

ce qu'il est facile de vérifier.

202. Autre exemple. — Cherchons les génératrices qui passent par le sommet (a, o, o). Les formules (5) sont alors illusoires. Mais on peut reprendre les calculs qui nous y ont amenés.

Si l'on pose

$$\beta = i\xi + j\eta + k\zeta,$$
$$\alpha = ia,$$

la condition

$$S\,\alpha\,\varphi(\beta) = o$$

donne

$$\xi = o;$$

donc
$$\beta = j\eta + k\zeta.$$

On a ensuite

ou
$$\gamma\,\varphi(\beta) = V\alpha\beta$$

$$\pm\, abc\left(-\frac{j}{b^2}\eta + \frac{k}{c^2}\zeta\right) = ka\eta - ja\zeta,$$

d'où
$$\pm\frac{b}{c}\zeta = \eta.$$

On peut donc poser
$$\eta = tb, \qquad \xi = \varepsilon tc \qquad (\varepsilon = \pm 1),$$

les droites définies par
$$\rho = ia + jtb + \varepsilon ktc$$

sont tout entières sur l'hyperboloïde.

203. Autre méthode. — On vérifie l'équation
$$S\beta\,\varphi(\beta) = 0,$$

en posant

(1)
$$h\beta = (ia\cos\theta + jb\sin\theta + kc),$$

on pose
$$\alpha = ix + jy + kz,$$

d'où
$$\varphi(\alpha) = -\,i\frac{x}{a^2} - j\frac{y}{b^2} + k\frac{z}{c},$$

et la condition
$$S\beta\,\varphi(\alpha) = 0$$

devient

(2)
$$X\cos\theta + Y\sin\theta = Z,$$

en posant
$$\frac{x}{a} = X, \qquad \frac{y}{b} = Y, \qquad \frac{z}{c} = Z.$$

On résout l'équation (2) en posant
$$\cos\theta = \frac{XZ + \varepsilon Y}{1 + Z^2}, \qquad \sin\theta = \frac{YZ - \varepsilon X}{1 + Z^2}.$$

En prenant successivement $\varepsilon = +1$ et $\varepsilon = -1$, on a donc

$$h\,\beta = ia\frac{XZ+Y}{1+Z^2} + jb\frac{YZ-X}{1+Z^2} + kc,$$

$$h'\beta' = ia\frac{XZ-Y}{1+Z^2} + jb\frac{YZ+X}{1+Z^2} + kc.$$

204. Exemples. — $1°$ Génératrices rectilignes passant par le point (a, o, o).

On a ici

$$X = 1, \qquad Y = o, \qquad Z = o;$$

donc

$$\cos\theta = o.$$

Nous prendrons

$$\theta = \frac{\pi}{2} \qquad \text{ou} \qquad \theta = -\frac{\pi}{2};$$

donc

$$k\,\beta = \varepsilon jb + kc \qquad (\varepsilon = \pm 1),$$

les génératrices issues du point (a, o, o) sont définies par

$$\rho = ia + t(\varepsilon jb + kc),$$

t étant un paramètre variable.

$2°$ Génératrices rectilignes issues du point (a, b, c). Dans ce cas

$$X = Y = Z = 1,$$
$$\cos\theta + \sin\theta = 1,$$

on en déduit

$$\theta = o \qquad \text{ou} \qquad \theta = \frac{\pi}{2};$$

alors

$$h'\beta' = \quad ia + kc,$$
$$h''\beta'' = +jb + kc,$$

et par suite on obtient les génératrices définies par

$$\rho = ia(1+t) + jb + kc(1+t)$$

ou

$$\rho = ia + jb(1+t') + kc(1+t').$$

205. Problème. — *Trouver le lieu des points d'un hyperboloïde à une nappe par lesquels passent deux génératrices rectangu-*

laires. — La condition d'orthogonalité des génératrices parallèles à β' et β'' étant

$$S \beta' \beta'' = 0,$$

on doit poser

$$a^2 \frac{X^2 Z^2 - Y^2}{(1 + Z^2)^2} + b^2 \frac{Y^2 Z^2 - X^2}{(1 + Z^2)^2} + c^2 = 0.$$

Or

$$X^2 Z^2 - Y^2 = X^2 Z^2 - (1 + Z^2 - X^2) = (1 + Z^2)(X^2 - 1),$$
$$Y^2 Z^2 - X^2 = Y^2 Z^2 - (1 + Z^2 - Y^2) = (1 + Z^2)(Y^2 - 1),$$

la condition est donc

$$a^2(X^2 - 1) + b^2(Y^2 - 1) + c^2(Z^2 + 1) = 0,$$

c'est-à-dire

$$x^2 + y^2 + z^2 = a^2 + b^2 - c^2.$$

Le lieu cherché est donc la courbe d'intersection de l'hyperboloïde donnée et de sa sphère de Monge.

PARABOLOÏDE.

206. Nous supposons l'équation du paraboloïde donné, en axes rectangulaires, sous la forme normale

$$\frac{y^2}{p} \pm \frac{z^2}{q} = 2x,$$

p et q étant positifs. Avec le signe $+$, nous avons affaire à un paraboloïde elliptique; le signe $-$ correspond à un paraboloïde hyperbolique. Nous poserons

$$\rho = ix + jy + kz,$$
$$\varphi(\rho) = 2i - \frac{jy}{p} \mp \frac{kz}{q},$$

d'où

$$S \rho \varphi(\rho) = -2x + \frac{y^2}{p} \pm \frac{z^2}{q},$$

l'équation de la surface est donc

$$S \rho \varphi(\rho) = 0.$$

Remarquons que la fonction $\varphi(\rho)$ n'est pas sa propre conjuguée. Mais en posant

$$\varphi(\rho) = 2i + \psi(\rho),$$

où

$$\psi(\rho) = -j\frac{y}{p} \mp k\frac{z}{q},$$

la fonction $\psi(\rho)$ sera auto-conjuguée et l'équation de la surface s'écrit

$$S\rho[2i + \psi(\rho)] = 0.$$

207. Intersection d'une droite et d'un paraboloïde hyperbolique. — Soit

$$\rho = \beta + \lambda\alpha$$

l'équation d'une droite; on déterminera λ par la condition

$$S(\beta + \lambda\alpha)[2i + \psi(\beta + \lambda\alpha)] = 0.$$

En développant on obtient

$$\lambda^2\, S\alpha\psi(\alpha) + 2\lambda\, S\,\alpha[i + \psi(\beta)] + S\,\beta[2i + \psi(\beta)] = 0.$$

208. 1° Cherchons la condition pour qu'un des points d'intersection soit rejeté à l'infini; la condition est

$$S\,\alpha\,\psi(\alpha) = 0.$$

Si l'on pose

$$\alpha = ia + jb + kc,$$

d'où

$$\psi(\alpha) = -j\frac{b}{p} \mp k\frac{c}{q},$$

la condition peut s'écrire

$$\frac{b^2}{p} \pm \frac{c^2}{q} = 0.$$

Pour le paraboloïde elliptique, on doit poser $b = 0$, $c = 0$ et par suite les directions asymptotiques réelles sont parallèles à l'axe. S'il s'agit d'un paraboloïde hyperbolique, la solution exprime que le vecteur α doit être parallèle à l'un des plans ayant pour équation

$$\frac{y}{\sqrt{p}} - \frac{z}{\sqrt{q}} = 0$$

ou

$$\frac{y}{\sqrt{p}} + \frac{z}{\sqrt{q}} = 0.$$

On retrouve ainsi les plans directeurs.

209. 2° **Lieu du milieu des cordes parallèles à une direction donnée.** — Pour que le point β soit le milieu d'une corde parallèle au vecteur α, il faut et il suffit que

$$\mathrm{S}\,\alpha\,[i + \psi(\beta)] = 0,$$

en supposant

$$\mathrm{S}\,\alpha\,\psi(\alpha) \neq 0.$$

L'équation obtenue peut se mettre sous la forme

$$\mathrm{S}\,\alpha\,\psi(\beta) = -\,\mathrm{S}\,\alpha\,i.$$

Le point β doit donc être un point du plan ayant pour équation

$$\mathrm{S}\,\alpha\,\psi(\rho) = -\,\mathrm{S}\,\alpha\,i = a.$$

On a ainsi le plan diamétral conjugué à la direction α.
On a

$$\mathrm{S}\,\alpha\,\psi(\rho) = \frac{y^2}{p} - \frac{z^2}{q},$$

l'équation du plan diamétral est donc.

$$\frac{by}{p} \pm \frac{cz}{q} - a = 0.$$

Tous les plans diamétraux sont parallèles à l'axe du paraboloïde.

210. Plan tangent. — Soit

$$\mathrm{S}\,\rho\,[2i + \psi(\rho)] = 0$$

l'équation d'un paraboloïde.
En différentiant on obtient

$$\mathrm{S}\,2i\,d\rho + \mathrm{S}\,[d\rho\,\psi(\rho) + \rho\,\psi(d\rho)] = 0;$$

mais la fonction ψ étant conjuguée à elle-même,

$$\rho\,\psi(d\rho) = d\rho\,\psi(\rho),$$

finalement

$$\mathrm{S}\,[i + \psi(\rho)]\,d\rho = 0;$$

ceci exprime que tout déplacement sur la surface est normal au vecteur $i + \psi(\rho)$. Si l'on considère un point ρ_1 du paraboloïde, on en déduit que la normale en ce point est parallèle au vecteur $i + \psi(\rho_1)$.

Soit donc ρ un point du plan tangent, on aura

$$S[i + \psi(\rho_1)](\rho - \rho_1) = 0,$$

ce qu'on peut écrire ainsi :

$$S\,i(\rho + \rho_1) + S\,\rho\,\psi(\rho_1) - S[2i + \psi(\rho_1)]\rho_1 = 0 ;$$

l'équation du plan tangent au point ρ_1 est donc

$$S\,i(\rho + \rho_1) + S\,\rho\,\psi(\rho_1) = 0.$$

211. Plans tangents issus d'un point donné. — Pour que le plan tangent au point ρ_1 passe par un point donné ρ_2, il faut et il suffit que

$$S\,i(\rho_2 + \rho_1) + S\,\rho_2\,\varphi(\rho_1) = 0,$$

donc le point de contact ρ_1 est dans le plan ayant pour équation

$$S\,i(\rho_2 + \rho) + S\,\rho_2\,\varphi(\rho) = 0,$$

on a ainsi le plan polaire du point ρ_2.

Nous allons retrouver cette équation.

212. Plan polaire d'un point. — Soient ρ_1, ρ deux points. Pour exprimer que ρ est le conjugué harmonique de ρ_1 par rapport au paraboloïde donné, nous procéderons comme pour les quadriques à centre et nous écrirons l'équation

$$S(\rho_1 + \lambda\rho)[2\,i(1 + \lambda) + \psi(\rho_1 + \lambda\rho)] = 0.$$

Il suffit d'annuler le coefficient de λ pour obtenir l'équation demandée :

$$S\,i(\rho + \rho_1) + S\,\rho\,\varphi(\rho_1) = 0.$$

213. Cône circonscrit de sommet donné. — La même équation nous donnera le cône circonscrit de sommet ρ_1. En développant cette équation, on a

$$\lambda^2 S\,\rho\,\varphi(\rho) + 2\lambda[S\,i(\rho + \rho_1) + S\,\rho\,\psi(\rho_1)] + S\,\rho_1\,\varphi(\rho_1) = 0 ;$$

pour que la droite passant par les points ρ, ρ_1 soit tangente, il faut et il suffit que les racines de cette équation soient égales, ce qui donne

$$S\,\rho\,\varphi(\rho)\,S\,\rho_1\,\varphi(\rho_1) - [S\,i(\rho + \rho_1) + S\,\rho\,\psi(\rho_1)]^2 = 0.$$

La courbe de contact est l'intersection du paraboloïde et du plan polaire au point ρ_1.

214. Cylindre circonscrit de direction α. — On remplace dans l'équation du paraboloïde ρ par $\rho + \lambda\alpha$, ce qui nous donne l'équation

$$\lambda^2\, S\,\alpha\,\psi(\alpha) + 2\lambda\, S\,\alpha[i + \psi(\rho)] + S\,\rho\,\varphi(\rho) = 0.$$

Nous aurons l'équation cherchée en écrivant que les racines de l'équation précédente soient égales et nous obtenons ainsi :

$$S\,\rho\,\varphi(\rho)\, S\,\alpha\,\psi(\alpha) - \{\,S\,\alpha[i + \psi(\rho)]\}^2 = 0.$$

La courbe de contact est la section du paraboloïde par le plan diamétral conjugué à la direction des génératrices du cylindre circonscrit.

GÉNÉRATRICES RECTILIGNES DU PARABOLOÏDE HYPERBOLIQUE.

215. L'équation du paraboloïde étant

$$S\,\rho[2i + \psi(\rho)] = 0$$

avec

$$\psi(\rho) = -j\frac{y}{p} + k\frac{z}{q}.$$

Comme pour l'hyperboloïde à une nappe, nous remplaçons ρ par $\alpha + \lambda\beta$, α désignant un vecteur dont l'extrémité est sur la surface. La droite

$$\rho = \alpha + \lambda\beta$$

sera tout entière sur le paraboloïde si l'équation

$$S(\alpha + \lambda\beta)[2i + \psi(\alpha + \lambda\beta)] = 0$$

est vérifiée quelle que soit la valeur de λ.

On doit donc poser

$$S\,\beta\,\psi(\beta) = 0,$$
$$S\,\alpha\,\psi(\alpha) = 0,$$
$$(1)\qquad S\,i\beta + S\,\alpha\,\psi(\beta) = 0.$$

Posons

$$\beta = i\xi + j\eta + k\zeta.$$

d'où

$$S\,\beta\,\psi(\beta) = \frac{\eta^2}{p} - \frac{\zeta^2}{q}.$$

Donc

$$\frac{\eta^2}{p} - \frac{\zeta^2}{q} = 0.$$

On peut, par suite, écrire

$$\eta = t\sqrt{p},$$
$$\zeta = \varepsilon t\sqrt{q} \qquad (\varepsilon = \pm 1).$$

Soit maintenant

$$\alpha = ix + jy + kz,$$

on aura

$$S\,\alpha\,\psi(\beta) = \frac{y\eta}{p} - \frac{z\zeta}{q} = t\left(\frac{y}{\sqrt{p}} - \varepsilon\frac{z}{\sqrt{q}}\right),$$

et la condition (1) devient

$$-\xi + t\left(\frac{y}{\sqrt{p}} - \varepsilon\frac{z}{\sqrt{q}}\right) = 0.$$

En résumé,

$$\xi = t\left(\frac{y}{\sqrt{p}} - \varepsilon\frac{z}{\sqrt{q}}\right),$$
$$\eta = t\sqrt{p},$$
$$\zeta = 2t\sqrt{q},$$
$$\beta = t\left[i\left(\frac{y}{\sqrt{p}} - \varepsilon\frac{z}{\sqrt{q}}\right) + j\sqrt{p} + \varepsilon k\sqrt{q}\right];$$

en donnant à ε successivement les valeurs $+1$ et -1, on obtiendra les deux génératrices rectilignes; $\lambda\beta$ contiendra λt en facteur, c'est-à-dire un scalaire arbitraire.

216. Lieu des points du paraboloïde par lesquels passent deux génératrices rectangulaires. — Il suffit de poser

$$S\left[i\left(\frac{y}{\sqrt{p}} - \frac{z}{\sqrt{q}}\right) + j\sqrt{p} + k\sqrt{q}\right]\left[i\left(\frac{y}{\sqrt{p}} + \frac{z}{\sqrt{q}}\right) + j\sqrt{p} - k\sqrt{q}\right] = 0,$$

ce qui donne

$$\frac{y^2}{p} - \frac{z^2}{q} + p - q = 0$$

ou

$$x = \frac{q-p}{2}.$$

Le lieu est une hyperbole réduite à deux droites rectangulaires si $p = q$.

217. Sections circulaires d'un cône du second degré. — On sait que l'on peut définir un cône du second dégré comme un cône à base circulaire. Considérons un pareil cône et supposons son sommet à l'origine. On peut regarder le cercle donné comme étant une section plane d'une sphère passant par l'origine. Soient

$$S\,\alpha\rho = a,$$
$$\rho^2 = S\,\beta\rho$$

les équations d'un plan et d'une sphère. Le vecteur ρ vérifiant ces deux équations vérifie aussi la suivante :

$$a\rho^2 = S\alpha\rho \, S\,\beta\rho.$$

Cette équation représente un cône ayant son sommet à l'origine, car étant homogène en φ, elle ne change pas si l'on change ρ en $x\rho$.

Or cette équation est symétrique par rapport aux vecteurs α, β, et l'on voit que le cône obtenu contient le cercle intersection du plan

$$S\,\beta\rho = a,$$

et de la sphère

$$\rho^3 = S\,\alpha\rho.$$

On a ainsi deux directions de plans cycliques ayant α et β pour normales.

218. Les deux cercles considérés sont sur une même sphère. — En effet, le vecteur ρ, désignant un point de l'un quelconque de ces cercles, vérifie évidemment l'équation

$$a\rho^2 - S\alpha\rho \, S\,\beta\rho + (S\alpha\rho - a)(S\,\beta\rho - a) = 0,$$

équation qui se réduit à

$$a\rho^2 - a\,S(\alpha + \beta)\rho + a^2 = 0$$

ou

$$\left(\rho - \frac{\alpha + \beta}{2}\right)^2 + a - \left(\frac{\alpha + \beta}{2}\right)^2 = 0,$$

et cette équation est celle d'une sphère.

219. L'équation

$$a\rho^2 = S\,\alpha\rho\,S\,\beta\rho,$$

en remarquant que

$$\rho^2 = -\,(T\rho)^2$$

et

$$\alpha = T\alpha\,U\alpha, \qquad \beta = T\beta\,U\beta,$$

peut s'écrire

$$S\,U\alpha\,U\rho\,S\,U\beta\,U\rho = -\,\frac{1}{T(\alpha\beta)}.$$

Si l'on nomme θ l'angle que le vecteur ρ fait avec le plan cyclique normal à α, θ' celui qu'il fait avec le second plan cyclique, l'équation précédente donne

$$\sin\theta\,\sin\theta' = \text{const.}$$

Cela posé, considérons la conique sphérique intersection du cône considéré et d'une sphère de rayon 1, ayant son centre au sommet du cône ; soit M un point de cette conique, si nous abaissons de M un arc de cercle MP perpendiculaire au grand cercle obtenu en coupant la sphère par un plan diamétral perpendiculaire à α, et l'arc du grand cercle MQ perpendiculaire au second arc cyclique correspondant à β, on aura précisément

$$MP = \theta, \qquad MQ = \theta',$$

et par suite,

$$\sin MP,\ \sin MQ = \text{const.}$$

On retrouve ainsi une propriété connue.

CHAPITRE VII.

220. On sait qu'on peut définir une courbe au moyen de trois équations de la forme

$$x = f(t),$$
$$y = f_1(t),$$
$$z = f_2(t),$$

t désignant un paramètre variable. On tire de ces équations

$$\rho = ix + jy + kz = i f(t) + j f_1(t) + k f_2(t)$$

ou

$$\rho = \rho(t),$$

en posant

$$\varphi(t) = i f(t) + j f_1(t) + k f_2(t).$$

On en déduit

$$d\rho = \varphi'(t)\, dt,$$

où

$$\varphi'(t) = i \frac{dx}{dt} + j \frac{dy}{dt} + k \frac{dz}{dt}.$$

On a aussi

$$T \varphi'(t) = T \frac{d\rho}{dt} = \sqrt{ \left(\frac{dx}{dt} \right)^2 + \left(\frac{dy}{dt} \right)^2 + \left(\frac{dz}{dt} \right)^2 } = \frac{ds}{dt}.$$

221. Cas particulier. — Si l'on prend pour paramètre la longueur s de l'arc de courbe compté à partir d'un point de la courbe, qu'on peut choisir arbitrairement, on aura

$$T \frac{d\rho}{ds} = \sqrt{ \left(\frac{dx}{ds} \right)^2 + \left(\frac{dy}{ds} \right)^2 + \left(\frac{dz}{ds} \right)^2 } = 1.$$

222. Courbure et plan osculateur. — Pour plus de simplicité, nous écrirons ρ' au lieu de $\varphi'(t)$, ρ'' au lieu de $\varphi''(t)$. La direction, de la tangente en $M(t)$ est celle du vecteur ρ'; celle de la tangente au point infiniment voisin $M'(t+dt)$ est celle du vecteur

$$\rho' + d\rho'$$

ou

$$\rho' + \rho'' dt.$$

Appliquons la formule

$$T\,V\,uv = T\,u\,T\,v\,\sin(u,\,v)$$

au cas où u et v désignent les vecteurs

$$\rho' \quad \text{et} \quad \rho' + \rho'' dt.$$

L'angle des deux tangentes étant infiniment petit nous remplacerons le sinus par l'arc et nous poserons

$$\sin(u,\,v) = d\sigma,$$

$d\sigma$ désigne alors l'arc de contingence. D'autre part,

$$T(\rho' + \rho'' dt) = T\rho' + \eta,$$

η étant infiniment petit, nous pouvons donc poser

$$\frac{dt}{d\sigma} TV\rho'\rho'' = T^2\rho'.$$

Mais

$$\frac{ds}{dt} = T\rho',$$

donc, en posant

$$R = \frac{ds}{d\sigma} = \frac{ds}{dt}\frac{dt}{d\sigma},$$

on a

$$R = \frac{T^3\rho'}{TV\rho'\rho''}.$$

Cette formule nous permet d'obtenir R en fonction des coordonnées x, y, z. On en déduit immédiatement

$$\frac{1}{R^2} = \frac{(dy\,d^2z - dz\,d^2y)^2 + (dz\,d^2x - dx\,d^2z)^2 + (dx\,d^2y - dy\,d^2x)^2}{(dx^2 + dy^2 + dz^2)^3}.$$

On voit encore que le vecteur $V\rho'\rho''$ est normal au plan osculateur.

223. Application. — Le cycloïde peut être défini par

$$\rho = a\,[\,i(t - \sin t) + j(1 - \cos t)\,].$$

Laissons de côté le facteur a que nous pourrons rétablir à la fin du calcul et posons

$$\rho = i(t - \sin t) + j(1 - \cos t),$$

d'où

$$\rho' = i(1 - \cos t) + j \sin t,$$
$$\rho'' = i \sin t + j \cos t$$

et

$$\mathrm{T}\,\rho' = 2 \sin \tfrac{1}{2}\, t.$$

On a ensuite

$$\mathrm{V}\rho'\rho'' = k(\cos t - 1) = -2\,k \sin^2 \tfrac{1}{2}\, t,$$

donc

$$\mathrm{TV}\rho'\rho'' = 2 \sin^2 \tfrac{1}{2}\, t,$$

et, en rétablissant le facteur a,

$$\mathrm{R} = a\,\frac{8 \sin^3 \tfrac{1}{2}\, t}{2 \sin^2 \tfrac{1}{2}\, t}$$

ou

$$\mathrm{R} = 4\,a \sin \tfrac{1}{2}\, t.$$

224. Cas où l'on prend l'arc pour variable indépendante. — Dans ce cas on a vu que $\mathrm{T}\rho' = 1$, ce qui entraîne $\mathrm{S}\rho'\rho'' = 0$. Alors $\mathrm{V}\rho'\rho'' = \rho'\rho''$, donc

$$\mathrm{TV}\rho'\rho'' = \mathrm{T}\rho'',$$

donc

$$\mathrm{R} = \frac{1}{\mathrm{T}\rho''},$$

on en déduit

$$\frac{1}{\mathrm{R}^2} = (\mathrm{T}\rho'')^2,$$

c'est-à-dire

$$\frac{1}{\mathrm{R}^2} = \left(\frac{d^2 x}{ds^2}\right)^2 + \left(\frac{d^2 y}{ds^2}\right)^2 + \left(\frac{d^2 z}{ds^2}\right)^2.$$

225. Torsion. — Désignons par α le vecteur-unité dirigé suivant la tangente en $M(\alpha)$ et par β le vecteur-unité perpendiculaire à α et à $\alpha + d\alpha$. Ce vecteur β est l'axe du plan osculateur, enfin nous appellerons γ le vecteur-unité perpendiculaire à α et β, et nous supposerons les sens choisis de façon que

$$\alpha\beta = \gamma, \qquad \beta\gamma = \alpha, \qquad \gamma\alpha = \beta.$$

En résumé, α, β, γ correspondent au trièdre que l'on attache ordinairement à une courbe en cinématique. On a, en raisonnant comme plus haut et gardant les mêmes notations,

$$\alpha(\alpha + d\alpha) = -1 + \beta\, d\sigma$$

ou, plus simplement,

$$\alpha\, d\alpha = \beta\, d\sigma,$$

et en posant $\dfrac{d\sigma}{dt} = \varepsilon$,

$$\alpha\alpha' = \beta\varepsilon,$$

où

$$\alpha' = \frac{d\alpha}{dt}$$

et

$$\mathrm{T}\alpha\alpha' = \mathrm{T}\alpha' = \varepsilon.$$

Pour calculer la torsion, nous avons à calculer $\dfrac{d\beta}{dt}$ que nous désignerons par β'.

On a

$$\beta = \mathrm{UV}\alpha\alpha' = \frac{\mathrm{V}\alpha\alpha'}{\mathrm{TV}\alpha\alpha'}.$$

Posons $\mathrm{V}\alpha\alpha' = \mu$ et remarquons que

$$\mu' = \mathrm{V}(\alpha\alpha'' + \alpha'^2) = \mathrm{V}\alpha\alpha''$$

et

$$(\mathrm{T}\mu)' = -\frac{\mathrm{S}\mu\mu'}{(\mathrm{T}\mu)^2},$$

donc en écrivant

$$\beta = \frac{\mu}{\mathrm{T}\mu},$$

on aura

$$\beta' = \frac{\mathrm{T}\mu^2\mu' + \mu\mathrm{S}\mu\mu'}{(\mathrm{T}\mu)^2}$$

$$= \frac{\mathrm{T}\mu^2\mu' + \mu^2\mu' - \mu\mathrm{V}\mu\mu'}{(\mathrm{T}\mu)^3},$$

ou

$$\beta' = \frac{-\mu V \mu \mu'}{T \mu^3},$$

ou enfin

$$\beta' = -\frac{V(V\alpha\alpha' \, V\alpha\alpha'')}{[T \, V\alpha\alpha']^2}\, \beta.$$

Mais

$$V(V\alpha\alpha' \, V\alpha\alpha'') = \alpha \, S \, \alpha'\alpha\alpha'' - \alpha' \, S \, \alpha\alpha\alpha''$$

$$= -\alpha \, S \, \alpha\alpha'\alpha'',$$

donc

$$\beta' = \frac{S\,\alpha\alpha'\alpha''}{\varepsilon^2}\, \gamma.$$

Ceci posé, l'arc de torsion est donné par l'expression

$$d\tau = T \, \beta' \, dt.$$

Si l'on pose

$$\frac{d\tau}{dt} = \eta,$$

on a ainsi

$$\eta = \frac{S\,\alpha\alpha'\alpha''}{\varepsilon^2},$$

on peut donc écrire

$$\beta' = \eta.$$

Mais

$$\gamma = \alpha\beta = \frac{\alpha^2 \alpha'}{\varepsilon} = -\frac{\alpha'}{\varepsilon},$$

donc

$$\beta' = -\frac{\eta}{\varepsilon}\,\alpha',$$

ce qui prouve que quand le point M se déplace sur la courbe, un point de la tangente et un point de la binormale décrivent des courbes dont les tangentes sont parallèles à la normale principale.

Remarquons encore que la formule

$$\gamma = \alpha\beta$$

donne, en la différentiant,

$$\gamma' = \alpha'\beta + \alpha\beta'$$

ou

$$\gamma' = \frac{\alpha'\alpha\alpha'}{\varepsilon} + \alpha\left(-\frac{\eta}{\varepsilon}\,\alpha'\right).$$

Mais à cause de $\alpha^2 = -1$, on a

$$\alpha\alpha' + \alpha'\alpha = 0;$$

donc on peut écrire

$$\gamma' = -\alpha\varepsilon - \beta\eta,$$

ce qui donne le théorème de Frenet et Serret.

226. Rayon de torsion. — Exprimons maintenant β en fonction de ρ et de ses dérivées. On a alors

$$\beta = \frac{V\rho'\rho''}{T\,V(\rho'\rho'')},$$

et en calculant β' par la même méthode que plus haut on aura

$$\beta' = \frac{S(\rho'\rho''\rho''')}{[T\,V\rho'\rho'']^2}\,\rho'\beta,$$

on a posé

$$\frac{d\tau}{dt} = T\,\beta',$$

donc

$$\frac{d\tau}{dt} = \frac{S(\rho'\rho''\rho''')}{[T\,V(\rho'\rho'')]^2}\,\frac{ds}{dt},$$

car

$$T\rho' = \frac{ds}{dt}.$$

En désignant par R_1 le rayon de torsion, on a donc obtenu la formule

$$\frac{1}{R_1} = \frac{S(\rho'\rho''\rho''')}{[T\,V(\rho'\rho'')]^2},$$

et en traduisant en coordonnées cartésiennes,

$$\frac{1}{R_1} = \frac{dx(dy\,d^2z - dz\,d^2y) + dy(dz\,d^2x - dx\,d^2z) + dz(dx\,d^2y - dy\,d^2x)}{(dy\,d^2z - dz\,d^2y)^2 + (dz\,d^2x - dx\,dz^2)^2 + (dy\,d^2x - dx\,d^2y)^2}.$$

Exemple. — Une hélice tracée sur un cylindre de révolution de rayon a peut être définie par l'équation

$$\rho = a(i\cos t + j\sin t) + kht,$$

ce qui donne

$$\rho' = a(-i\sin t + j\cos t) + kh,$$
$$\rho'' = -a(\ i\cos t + j\sin t),$$
$$\rho''' = a(\ i\sin t - j\cos t).$$

On en tire

$$\mathrm{T}\,\rho' = \frac{ds}{dt} = \sqrt{a^2 + h^2}.$$

Ensuite

$$\mathrm{V}\rho'\rho'' = ah(i\sin t - j\cos t) + k\,a^2,$$

ce qui donne

$$\mathrm{T}\,\mathrm{V}\rho'\rho'' = a\sqrt{a^2 + h^2}.$$

R désignant le rayon de courbure est donné par l'équation

$$\mathrm{R} = \frac{(a^2 + h^2)^{\frac{3}{2}}}{a(a^2 + h^2)^{\frac{1}{2}}},$$

c'est-à-dire

$$\mathrm{R} = a + \frac{h^2}{a}.$$

Calculons maintenant $\mathrm{S}\rho'\rho''\rho'''$. On trouve $a^2 h$.
Donc le rayon de torsion R_1 a pour valeur

$$\mathrm{R}_1 = \frac{a^2(a^2 + h^2)}{a^2 h}$$

ou

$$\mathrm{R}_1 = h + \frac{a^2}{h}.$$

227. Dans ce qui va suivre, nous prendrons pour paramètre l'arc s; ce qui, comme nous le savons, entraîne les conditions

$$\mathrm{T}\,\rho' = 1, \qquad \mathrm{S}\,\rho'\rho'' = 0.$$

Dans ce cas, les vecteurs ρ', ρ'' sont orthogonaux, mais on sait que ρ'' est parallèle au plan osculateur en **M**, donc ρ'' est parallèle à la normale principale au point **M**.

En appliquant cette remarque à l'hélice, on voit que la normale principale en **M** est parallèle au plan d'une section droite et rencontre l'axe; en outre, comme nous le savons déjà,

$$\mathrm{R} = \frac{1}{\mathrm{T}\rho''}.$$

Ceci rappelé, les vecteurs ρ'' et $\dfrac{1}{\rho''}$ sont opposés. Si C est le centre de courbure, $\overline{MC}$ a la même direction que ρ'', on peut poser

$$\overline{MC} = -\frac{1}{\rho''},$$

et par suite, le centre de courbure est donné par l'équation

$$\rho = \varphi(s) - \frac{1}{\varphi''(s)},$$

$\varphi(s)$ étant le vecteur du point M.

Remarquons que $V\rho'\rho'' = \rho'\rho''$ puisque $S\rho'\rho'' = 0$ et $T\rho'\rho'' = T\rho''$, puisque $T\rho' = 1$. D'ailleurs $T\rho'' = c$, c désignant la courbure. On peut donc poser

$$\rho'\rho'' = \alpha c,$$

α étant un vecteur-unité. On en tire, en prenant les dérivées par rapport à s,

$$\rho'\rho''' + \rho''^2 = \alpha\frac{dc}{ds} + c\frac{d\alpha}{ds}.$$

α est ici le vecteur normal au plan osculateur, donc perpendiculaire à la tangente et à la normale principale en M. On sait que la tangente à la courbe décrite par un point de la binormale est parallèle à la normale principale. Il en résulte que si l'on désigne la torsion par c_1, on a

$$c\frac{d\alpha}{ds} = c.c_1 U\rho'' = c_1\rho''$$

puisque $c = T\rho''$; donc enfin

$$\rho'\rho''' + \rho''^2 = \alpha\frac{dc}{ds} + c_1\rho''$$

ou encore

$$\rho'\rho''' + \rho''^2 = \frac{\rho'\rho''}{c}\frac{dc}{ds} + c_1\rho''.$$

Dans le cas d'une courbe plane, $c_1 = 0$ et, par conséquent,

$$\rho'\rho''' + \rho''^2 = \frac{\rho'\rho''}{c}\frac{dc}{ds}.$$

Réciproquement, si cette identité est vérifiée, on a

$$c_1 = 0 \qquad \text{ou} \qquad \rho'' = 0.$$

Si $c_1 = 0$, on sait que la courbe est plane.

Si $\rho'' = 0$, on a

$$\rho' = ia + jb + kc$$

et

$$\rho = S(ia + jb + kc)$$

en supposant $\rho = 0$ pour $s = 0$; la courbe se réduit à une droite, car en revenant aux coordonnées cartésiennes, on a

$$\frac{x}{a} = \frac{y}{b} = \frac{z}{c} = s.$$

228. Application. — *Trouver une courbe dont la courbure et la torsion relatives à chaque point soient dans un rapport constant.*

En conservant les mêmes notations, nous avons

$$\rho'\rho'' = c\alpha,$$

d'où

$$\alpha = \frac{\rho'\rho''}{c} = \frac{\rho'\rho''}{T\rho''}.$$

On en tire

$$\frac{d\alpha}{ds} = \frac{d}{ds}\left(\frac{\rho'\rho''}{T\rho''}\right);$$

mais, c_1 désignant la torsion, nous poserons

$$\frac{c_1}{c} = n,$$

et nous aurons

$$\frac{d\alpha}{ds} = c_1 \frac{\rho''}{T\rho''} = nc \frac{\rho''}{T\rho''} = n\rho''.$$

Nous pouvons donc écrire

$$\frac{d}{ds}\left(\frac{\rho'\rho''}{T\rho''}\right) = n\rho'',$$

et, en intégrant,

$$\frac{\rho'\rho''}{T\rho''} = n\rho' + a,$$

a désignant un vecteur constant.

Le tenseur du premier membre de cette équation est égal à l'unité, il en est donc de même du tenseur du second membre. En d'autres termes,

$$(n\rho' + h\lambda)^2 = -1$$

en posant

$$a = h\lambda,$$

λ étant un vecteur-unité.

En développant, si nous remarquons que $\rho'^2 = -1$, $\lambda^2 = -1$,

$$n^2 + h^2 - 2nh\,\mathrm{S}\lambda\rho' = 1.$$

Il en résulte que $\mathrm{S}\lambda\rho'$ est constant; donc la tangente en un point quelconque de la courbe cherchée fait un angle constant avec une droite de direction invariable. Cette courbe est donc une hélice tracée sur un cylindre quelconque.

229. Réciproquement, dans toute hélice le rapport $\dfrac{c_1}{c}$ est constant.

— Prenons pour axe des z une parallèle aux génératrices du cylindre sur lequel l'hélice est tracée. Supposons l'origine de l'arc s dans le plan $x\mathrm{O}y$. L'équation de l'hélice peut se mettre sous la forme

$$\rho = ix + jy + k.ls,$$

l étant une constante scalaire; x et y étant des fonctions de s. En prenant les dérivées par rapport à s, on a

$$\rho' = ix' + jy' + kl.$$

Or, on doit avoir $\mathrm{T}\rho' = 1$, donc

$$x'^2 + y'^2 + l^2 = 1$$

ou, en posant $1 - l^2 = p^2$,

$$x'^2 + y'^2 = p^2.$$

On peut donc poser

$$x' = p\cos\varphi, \qquad y' = p\sin\varphi,$$

et, par suite,

$$\rho' = i.p\cos\varphi + j.p\sin\varphi + kl$$

et

$$\rho'' = (-ip\sin\varphi + j.p\cos\varphi)\varphi',$$

donc

$$\mathrm{T}\rho'' = p\varphi' = c.$$

Mais

$$\rho'\rho'' = -ipl\cos\varphi.\varphi' - jpl\sin\varphi.\varphi' + kp^2\varphi',$$

d'où

$$\alpha = \frac{\rho'\rho''}{\mathrm{T}\rho''} = -il\cos\varphi - jl\sin\varphi + kp,$$

donc

$$\frac{d\alpha}{ds} = (il \sin\varphi - jl \cos\varphi)\varphi';$$

or,

$$\frac{d\alpha}{ds} = c_1 \frac{\rho''}{\varphi'} = c_1(-i\sin\varphi + j\cos\varphi),$$

en comparant,

$$c_1 = -l\varphi'$$

et enfin

$$\frac{c_1}{c} = -\frac{l}{p},$$

ce qui démontre la proposition.

230. Trouver une courbe telle que les deux courbures soient constantes. — On suppose c et c_1 constants; le rapport $\frac{c_1}{c}$ étant alors constant, on voit déjà que la courbe est une hélice. Considérons une section droite du cylindre sur lequel est tracée cette hélice et appelons σ l'arc de cette section. Si l'on suppose que les arcs s et σ aient pour origine commune le point où l'hélice rencontre le plan de la section droite, on a

$$\sigma = ms,$$

m désignant un nombre constant. Si l'équation de la section droite est

$$\rho = f(\sigma),$$

l'équation de l'hélice sera

$$\rho = f(\sigma) + k\sigma$$

ou

$$\rho = \varphi(s) + mks,$$

en posant

$$\varphi(s) = f(ms).$$

Supposons la courbure c constante. On aura

$$T\varphi''(s) = c.$$

Mais

$$\varphi''(s) = m^2 f''(\sigma),$$

donc $Tf''(\sigma)$ sera aussi une constante, donc la section droite est un cercle. On a ainsi montré qu'une courbe dont la courbure et la torsion sont constantes est une hélice tracée par un cylindre de révolution.

231. Remarque. — Il est facile de montrer que le cercle est la seule courbe plane à courbure constante. Soit

$$\rho = i\,x + j\,y$$

l'équation d'une courbe, x et y étant des fonctions de l'arc. La condition $T\rho' = 1$ donne

$$x'^2 + y'^2 = 1.$$

On posera donc

$$x' = \cos\varphi, \qquad y' = \sin\varphi,$$

d'où

$$x'' = -\sin\varphi.\varphi', \qquad y'' = \cos\varphi.\varphi'.$$

Or,

$$T\rho'' = \varphi' = c;$$

en choisissant convenablement l'origine des arcs, on aura

$$\varphi = \frac{s}{c}.$$

Donc,

$$\rho' = i\cos\frac{s}{c} + j\sin\frac{s}{c},$$

d'où l'on tire

$$\rho = c\left(i\sin\frac{s}{c} - j\cos\frac{s}{c}\right) + a,$$

a étant un vecteur constant. Par un changement d'origine, on peut écrire

$$\rho = c\left(i\sin\frac{s}{c} - j\cos\frac{s}{c}\right),$$

équation équivalente à

$$x^2 + y^2 = c^2.$$

232. Exercice. — *Trouver une courbe dont les tangentes soient à la même distance d'un point donné.* — Prenons le point donné pour origine et choisissons comme variable indépendante l'arc de la courbe.

Soient M un point de la courbe, P le pied de la perpendiculaire abaissée de l'origine sur la tangente en M. Le vecteur de M étant ρ, celui de P est de la forme

$$\rho + x\rho'.$$

On exprime que l'angle $\widehat{OPM}$ est droit en posant

$$S(\rho + x\rho')\rho' = 0;$$

ρ' étant la dérivée prise par rapport à l'arc on sait que

$$\rho'^2 = -1,$$

donc l'équation de condition donne

$$S\rho\rho' - x = 0,$$

et, par conséquent, le vecteur δ qui représente $\overline{OP}$ est

$$\delta = \rho + \rho'\,S\rho\rho'.$$

Remarque. — On peut écrire

$$\delta = \rho + \rho'(\rho'\rho - V\rho'\rho)$$
$$= -\rho'\,V\rho'\rho$$

ou encore

$$\delta = \rho'\,V\rho\rho'.$$

Pour exprimer que $T\delta$ est constant, il suffit de poser

$$\delta^2 = -c^2,$$

c étant la valeur de la constante, on doit donc calculer δ^2, ou

$$(\rho + \rho'\,S\rho\rho')(\rho + \rho'\,S\rho\rho') = \rho^2 + (\rho\rho' + \rho'\rho)\,S\rho\rho' - S^2\rho\rho'$$

ou, en remplaçant $\rho\rho' + \rho'\rho$ par $2\,S\rho\rho'$,

$$(1) \qquad\qquad \rho^2 + S^2\rho\rho' + c^2 = 0.$$

On aperçoit une solution, car si l'on pose

$$\rho^2 + c^2 = 0,$$

on en déduit $S\rho\rho' = 0$ et l'équation est vérifiée. Il était évident que toute courbe tracée sur la sphère de rayon c et ayant son centre à l'origine répond à la question.

On peut trouver d'autres solutions.

L'équation (1) peut se mettre sous la forme

$$S^2\rho\rho' = -\rho^2 - c^2,$$

ou

$$S\rho\rho' = \sqrt{-\rho^2 - c^2},$$

ou bien

$$(2) \qquad\qquad \frac{S\rho\rho'}{\sqrt{-\rho^2 - c^2}} = 1.$$

Or, la dérivée de $\sqrt{-\rho^2 - c^2}$ par rapport à S est précisément

$$\frac{S\rho\rho'}{\sqrt{-\rho^2 - c^2}},$$

donc
$$\sqrt{-\rho^2 - c^2} = \pm\, s + \text{const.}$$

Mais on peut choisir l'origine et le sens de l'arc de façon que
$$\sqrt{-\rho^2 - c^2} = s.$$

Cela étant, remarquons que l'équation d'une développante de la courbe peut s'écrire
$$r = \rho + s\rho',$$

d'où l'on tire
$$r^2 = \rho^2 - s^2 + 2s\, S\,\rho\rho';$$

ou, en vertu de l'équation (2),
$$r^2 = \rho^2 - s^2 + 2s\sqrt{-\rho^2 - c^2},$$

d'où
$$-r^2 = -\rho^2 - s^2 = c^2,$$

d'où il résulte que la solution générale comprend les courbes dont une développante est tracée sur la sphère de centre O et de rayon c.

233. Remarque sur les courbes planes. — Soit
$$\rho = \varphi(t)$$

l'équation d'une courbe. La condition
$$S\,\varphi'\varphi''\varphi''' = 0$$

exprime que la courbe est plane. En effet, en $M(t)$ le plan osculateur est normal au vecteur
$$V\varphi'\varphi'',$$

en $M'(t + dt)$ il est normal au vecteur
$$V(\varphi'\varphi'' + d\varphi'\varphi'').$$

Mais
$$d\varphi'\varphi'' = (\varphi''^2 + \varphi'\varphi''')\,dt.$$

L'hypothèse donne
$$\varphi''' = \alpha\varphi' + \beta\varphi'',$$

α et β étant des scalaires. On en déduit
$$\varphi'\varphi''' = \alpha\varphi'^2 + \beta\varphi'\varphi''.$$

On peut négliger le scalaire $\alpha\varphi'^2$; le plan osculateur en M' est donc normal au vecteur
$$V\varphi'\varphi''(1 + \beta\,dt)$$

qui a même direction que $V\varphi'\varphi''$, car $1 + \beta\,dt$ est un scalaire. Par suite, le plan osculateur restant parallèle à lui-même est invariable, et la courbe est plane.

234. Enveloppe du plan osculateur d'une courbe gauche. — Le plan osculateur au point ρ de la courbe

$$\rho = \varphi(t)$$

est perpendiculaire au vecteur

$$V\varphi'\varphi'';$$

nous écrirons, pour abréger, φ, φ', φ'' au lieu de $\varphi(t)$, $\varphi'(t)$, $\varphi''(t)$. Soit $M(r)$ un point du plan osculateur, on aura

$$S(r - \rho)\,V\varphi'\varphi'' = 0$$

ou, plus simplement,

$$S(r - \rho)\varphi'\varphi'' = 0,$$

les vecteurs $r - \rho$, φ', φ'' sont donc dans un même plan ; par suite,

$$r - \rho = \lambda\varphi' + \mu\varphi''$$

ou

$$r = \varphi + \lambda\varphi' + \mu\varphi'' = F(t, \lambda, \mu).$$

Pour avoir l'enveloppe on devra poser

$$\frac{\partial F}{\partial t}\,dt + \frac{\partial F}{\partial \lambda}\,d\lambda + \frac{\partial F}{\partial \mu}\,d\mu = 0,$$

ce qui exprime que les vecteurs

$$\frac{\partial F}{\partial t}, \quad \frac{\partial F}{\partial \lambda}, \quad \frac{\partial F}{\partial \mu},$$

c'est-à-dire

$$\varphi' + \lambda\varphi'' + \mu\varphi''', \quad \varphi', \quad \varphi'',$$

sont coplanaires, donc

$$S(\varphi' + \lambda\varphi'' + \mu\varphi''')\varphi'\varphi'' = 0.$$

Mais

$$S(\varphi' + \lambda\varphi'')\varphi'\varphi'' = 0,$$

donc la condition se réduit à

$$\mu\,S\varphi'\varphi''\varphi''' = 0;$$

or, on suppose

$$S\,\varphi'\,\varphi''\,\varphi''' \gtrless 0,$$

sans quoi la courbe serait plane, donc $\mu = 0$, et

$$r = \varphi(t) + \lambda\,\varphi'(t),$$

l'enveloppe est donc la surface développable lieu des tangentes à la courbe gauche donnée.

CHAPITRE VIII.

SURFACES.

CONES. — CYLINDRES. — SURFACES DE RÉVOLUTION.

235. Les équations d'une surface pouvant prendre la forme

$$x = f_1(u, v),$$
$$y = f_2(u, v),$$
$$z = f_3(u, v),$$

on en tire

$$\rho = i f_1(u, v) + j f_2(u, v) + k f_3(u, v);$$

on peut donc donner l'équation d'une surface sous la forme

$$\rho = \varphi(u, v),$$

u et v étant deux paramètres variables. On tire de cette équation

$$d\rho = \varphi'_u \, du + \varphi'_v \, dv,$$

ce qui montre que φ'_u et φ'_v donnent les directions de deux déplacements par la surface. On en conclut que le plan tangent au point $M(u, v)$ est normal au vecteur

$$V \varphi'_u \varphi'_v.$$

236. Équation du point tangent au point $M(u, v)$. — Pour obtenir cette équation, il suffit d'écrire que le vecteur $\overline{PM}$ est perpendiculaire à la normale en M, P désignant un point quelconque du plan tangent. L'équation est donc

$$S[\rho - \varphi(u, v)] V \varphi'_u \varphi'_v = 0$$

ou, plus simplement,

$$S[\rho - \varphi(u, v)] \varphi'_u \varphi'_v = 0.$$

Si l'on regarde v comme une fonction de u, on aura une courbe tracée sur la surface considérée. On arrive au même résultat quand on considère u et v comme des fonctions déterminées d'un même paramètre t.

237. Surface réglée, surface développable. — Une surface réglée est engendrée par une droite qui se meut en s'appuyant sur une courbe fixe.

Soit C la courbe fixe, ayant pour équation

$$\rho = f(u),$$

à chaque valeur de u correspond un point P sur cette courbe, et aussi un vecteur $\overline{PQ} = \varphi(u)$. Le vecteur

$$\rho = f(u) + v\,\varphi(u)$$

désigne un point pris sur $\overline{PQ}$. Quand u et v varient, le point $M(\rho)$ décrit une surface. On a

$$d\rho = [f'(u) + v\,\varphi'(u)]\,du + \varphi(u)\,dv.$$

La direction de la normale au point M est celle du vecteur

$$V[f'(u) + v\,\varphi'(u)]\,\varphi(u).$$

238. On dit que la surface est développable si le plan tangent reste le même pour tous les points de la génératrice PM, c'est-à-dire si la direction du vecteur normal est indépendante de v.

Or, il est évident que cette condition peut être réalisée de deux manières.

Première solution. — On pose

$$V\,\varphi'(u)\,\varphi(u) = 0.$$

Le vecteur $\varphi(u)$ définit un point R d'une courbe C_1, $\varphi'(u)$ donne la direction de la tangente en C_1; mais la condition exprime que cette tangente est dirigée suivant $\overline{OR}$; donc C_1 se réduit à une droite; en d'autres termes, les génératrices rectilignes ont une direction fixe et la surface est un cylindre.

239. Deuxième solution :

$$V f'(u)\, \varphi(u) = 0 ;$$

le vecteur $\varphi(u)$ a même direction que $f'(u)$, c'est-à-dire

$$\lambda f'(u) = \varphi(u)$$

et l'équation de la surface devient

$$\rho = f(u) + \lambda v\, f'(u),$$

et l'on peut prendre λv pour paramètre et écrire

$$\rho = f(u) + w f'(u) ;$$

donc la surface est alors engendrée par les tangentes à une courbe gauche.

On reconnaît immédiatement que le plan tangent le long d'une génératrice coïncide avec le plan osculateur de la courbe gauche donnée au point de contact de la génératrice.

En effet, l'équation de la courbe étant

$$\rho = f(u) + v f'(u),$$

la normale au point (u, v) est parallèle au vecteur

$$V[f'(u) + v f''(u)]\, f'(u),$$

c'est-à-dire

$$V f''(u) f'(u),$$

puisque $f'^2(u)$ est un scalaire, ainsi que v.

240. Famille de surfaces orthogonales à un ensemble de droites. — Considérons un vecteur $\overline{AB}$ de longueur l, le vecteur-unité dirigé suivant $\overline{AB}$ étant égal à α, de telle sorte que

$$\overline{AB} = l\alpha.$$

Appelons ρ et ρ_1 les vecteurs des points A, B. On a

$$\rho = \rho_1 + l\alpha$$

et, par suite,

$$d\rho = d\rho_1 + l\, d\alpha + \alpha\, dl,$$

donc

$$S \alpha\, d\rho = S \alpha\, d\rho_1 + l\, S \alpha\, d\alpha + \alpha^2\, dl.$$

Mais $\mathrm{S}\alpha\, d\alpha = 0$, $\alpha^2 = -1$; on a, par conséquent,

$$dl = \mathrm{S}\,\alpha\, d\rho_1 - \mathrm{S}\,\alpha\, d\rho.$$

Si l'on nomme ds et ds_1 les arcs de courbe décrits par les points A, B, on peut écrire

$$dl = ds \cos(\alpha,\, ds) - ds_1 \cos(\alpha,\, ds_1).$$

241. Supposons que la droite AB soit normale en A à une surface lieu du point A et conserve une longueur constante. Dans cette hypothèse,

$$dl = 0, \qquad \cos(\alpha,\, ds) = 0.$$

Il en résulte

$$ds_1 \cos(\alpha,\, ds_1) = 0.$$

On ne suppose pas le point B immobile, car alors A décrirait une sphère. On a donc

$$ds_1 \neq 0$$

et, par suite,

$$\cos(\alpha,\, ds_1) = 0,$$

ce qui signifie que la droite AB sera normale à la surface décrite par B.

En second lieu, si l'on suppose

$$\cos(\alpha,\, ds) = 0, \qquad \cos(\alpha,\, ds_1) = 0,$$

on aura $dl = 0$, AB conservera une longueur constante. On voit donc que l'on peut obtenir une famille de surfaces ayant les mêmes normales, et que, réciproquement, si les surfaces d'une même famille admettent les mêmes normales, les portions de normales communes comprises entre deux surfaces quelconques de cette famille ont la même longueur.

242. Voici un exemple très simple. Prenons une infinité de rayons issus de l'origine; soient α un vecteur-unité et l une longueur constante. Posons

$$\rho = l\alpha,$$

d'où

$$d\rho = l\, d\alpha,$$
$$\mathrm{S}\,\alpha\, d\rho = l\,\mathrm{S}\,\alpha\, d\alpha = 0,$$

quelle que soit la valeur de l.

On voit bien que l'équation $\mathrm{T}\rho = l$ représente une sphère à laquelle toutes les droites issues de l'origine sont normales; si l varie on a une famille de sphères ayant les mêmes normales.

243. Autre exemple. — Partons d'une quadrique à centre ayant pour équation

$$\mathrm{S}\,\rho\,\varphi(\rho) = 1;$$

on sait que $\varphi(\rho)$ désigne un vecteur normal au point ρ de la quadrique. Posons

$$r = \rho + l\,\frac{\varphi(\rho)}{\mathrm{T}\varphi(\rho)};$$

r a pour extrémité un point d'une surface normale à $\varphi(\rho)$ si l est une constante.

Posons $\dfrac{l}{\mathrm{T}\varphi(\rho)} = \lambda$, nous pourrons écrire

$$r = \rho + x\,\varphi(\rho).$$

Posons

$$\rho + x\,\varphi(\rho) = \psi(\rho).$$

En employant une notation d'Hamilton, nous écrirons

$$\rho = \psi^{-1}(r),$$

ce qui donne, puisque $\mathrm{S}\,\rho\varphi(\rho) = 1$, l'équation

$$\mathrm{S}\,\psi^{-1}(r)\,\varphi[\psi^{-1}(r)] = 1.$$

Cette équation symbolique contient λ, mais on a

$$\left\{\varphi[\psi^{-1}(r)]\right\}^2 = -[\mathrm{T}\,\varphi(r)]^2 = -\frac{l^2}{\lambda^2}.$$

Pour obtenir l'équation de la surface cherchée, il faudra éliminer λ entre les deux dernières équations.

244. Soient P un point pris sur une surface, PM la normale en ce point. Représentons par ν un vecteur parallèle à la normale et l une longueur quelconque. Pour que PM soit normal à une surface passant par M, si l'on pose $\overline{\mathrm{OP}} = r$, il faut que

$$\mathrm{S}\,l\nu\,d\rho = 0$$

ou simplement

$$S \vee d\rho = o,$$

où

$$\rho = r + l\nu.$$

245. Supposons que M soit un point d'une surface ayant pour équation

$$F(\rho) = C.$$

Hamilton emploie la notation ∇, qu'il écrit :

$$\nabla = i \frac{\partial}{\partial x} + j \frac{\partial}{\partial y} + k \frac{\partial}{\partial z}$$

et

$$\nabla F = \left(i \frac{\partial}{\partial x} + j \frac{\partial}{\partial y} + k \frac{\partial}{\partial z} \right) F,$$

ce qui signifie

$$\nabla F = i \frac{\partial F}{\partial x} + j \frac{\partial F}{\partial y} + k \frac{\partial F}{\partial z}.$$

Cela étant, si l'on pose

$$\nu = \nabla F,$$

le vecteur ν est parallèle à la normale au point ρ à la surface $F(\rho) = C$.

Calculons, en effet, $S\, d\rho \nabla F$:

$$d\rho = i\, dx + j\, dy + k\, dz,$$

$$\nabla F = i \frac{\partial F}{\partial x} + j \frac{\partial F}{\partial y} + k \frac{\partial F}{\partial z},$$

donc

$$S\, d\rho\, \nabla F = -\left(\frac{\partial F}{\partial x} dx + \frac{\partial F}{\partial y} dy + \frac{\partial F}{\partial z} dz \right) = o,$$

ce qui montre que ∇F est normal à tout déplacement sur la surface, et par suite, on a en désignant le vecteur normal par ν

$$\nu = h\, \nabla F,$$

h étant un scalaire.

Cela posé, calculons $\nabla \nabla F$ ou $\nabla^2 F$, on a

$$\nabla^2 F = \left(i \frac{\partial}{\partial x} + j \frac{\partial}{\partial y} + k \frac{\partial}{\partial z} \right) \left(i \frac{\partial F}{\partial x} + j \frac{\partial F}{\partial y} + k \frac{\partial F}{\partial z} \right)$$

$$= i \left(i \frac{\partial^2 F}{\partial x^2} + j \frac{\partial^2 F}{\partial x\, \partial y} + k \frac{\partial^2 F}{\partial x\, \partial z} \right) + j \left(i \frac{\partial^2 F}{\partial x\, \partial y} + j \frac{\partial^2 F}{\partial y^2} + k \frac{\partial^2 F}{\partial y\, \partial z} \right)$$

$$+ k \left(i \frac{\partial^2 F}{\partial x\, \partial z} + j \frac{\partial^2 F}{\partial y\, \partial z} + k \frac{\partial^2 F}{\partial z^2} \right);$$

donc, en simplifiant,

$$\nabla^2 F = - \left(\frac{\partial^2 F}{\partial x^2} + \frac{\partial^2 F}{\partial y^2} + \frac{\partial^2 F}{\partial z^2} \right).$$

Si la fonction $F(\rho)$ est une fonction scalaire, on voit que $\nabla^2 F$ est un scalaire.

Donc, pour que l'on puisse poser $h\nu = \nabla F$, il faut que

$$V \nabla h\nu = 0.$$

246. Reprenons le cas des sphères concentriques. On peut poser dans ce cas

$$\nu = \rho = ix + jy + kz,$$

alors

$$\nabla\nu = i.i + j.j + k.k = -3$$

et l'on a bien

$$V \nabla\nu = 0.$$

On a alors à intégrer

$$S \rho \, d\rho = 0,$$

ce qui donne bien

$$T \rho = C.$$

247. Cônes et cylindres. — Soit

$$\rho = \varphi(u)$$

l'équation d'une courbe; si v désigne un second paramètre scalaire, l'équation

$$\rho = V \varphi(u)$$

représentera un cône ayant son sommet à l'origine.

L'équation

$$d\rho = \varphi(u) \, dv + V \varphi'(u) \, du$$

montre que le plan tangent au point (u, v) est normal au vecteur

$$V \varphi(u) \varphi'(u).$$

Ce vecteur est indépendant de v; cela prouve que le plan tangent à un cône est le même tout le long d'une génératrice. Le plan tangent le long de la génératrice (mv) a pour équation

$$S \rho \varphi(u) \varphi'(u) = 0.$$

Si le cône n'a pas son sommet à l'origine, mais en un point a, son équation sera

$$\rho = a + v\,\varphi(u),$$

a étant un vecteur donné.

248. Cône du second degré. — On fera les mêmes calculs que pour une quadrique à centre. En posant

$$\varphi(\rho) = -\,i\,\frac{x}{a^2} -\, j\,\frac{y}{b^2} + k\,\frac{z}{c^2},$$

l'équation du cône sera

$$S\rho\,\varphi(\rho) = 0.$$

249. Cylindre. — Si les génératrices sont parallèles au vecteur α, et si

$$\rho = \varphi(u)$$

désigne une courbe tracée sur le cylindre, l'équation de cette surface peut se mettre sous la forme

$$\rho = \varphi(u) + v.\alpha.$$

On en déduit

$$d\rho = \varphi'(u)\,du + \alpha\,dv,$$

ce qui prouve que le plan tangent, normal au vecteur

$$V\,\varphi'(u)\alpha,$$

est le même tout le long d'une génératrice.

250. Cylindre du second degré. — En posant

$$\varphi(\rho) = -\,A\,ix - C\,jy,$$

, on peut mettre l'équation du cylindre sous la forme

$$S\rho\,\varphi(\rho) = 1.$$

CONES ET CYLINDRES DE RÉVOLUTION.

251. Équation d'un cône de révolution. — 1° Prenons le sommet du cône pour origine et soient α le vecteur-unité définissant la direction de l'axe et c le cosinus de l'angle que chaque génératrice fait avec l'axe.

D'après la définition des scalaires, on aura

$$S\alpha\, U\rho = \pm c$$

ou

$$S\alpha\rho = \pm c\, T\rho,$$

et en élevant les deux membres au carré

$$S^2\alpha\rho + c^2\rho^2 = 0.$$

On vérifie que cette équation représente un cône ayant son sommet à l'origine car elle ne change pas quand on change ρ en $x\rho$.

252. 2° Supposons maintenant que le sommet soit en un point S extrémité du vecteur a; si l'on pose $\overline{SM} = r$, la direction de l'axe étant toujours le vecteur α, l'équation par rapport à S sera toujours

$$S^2\alpha\, r + c^2 r^2 = 0.$$

Mais, pour revenir à la nouvelle origine, on doit remplacer dans l'équation précédente r par $\rho - a$ et la nouvelle équation sera

$$S^2\alpha(\rho - a) + c^2(\rho - a)^2 = 0.$$

253. **Cas particulier.** — Supposons que le sommet S puisse se déplacer sur une droite portant le vecteur α; en d'autres termes, supposons $a = x\alpha$, l'équation sera

$$S^2\alpha(\rho - x\alpha) + c^2(\rho - x\alpha)^2 = 0.$$

Développons les calculs :

$$S\alpha(\rho - x\alpha) = S\alpha\rho + x,$$

donc

$$(S\alpha\rho + x)^2 + c^2(\rho^2 - x^2 - 2x\, S\alpha\rho) = 0.$$

254. Supposons maintenant que le parallèle dont le plan passe par l'origine soit un cercle de rayon R, on devra poser

$$c = \frac{x}{\sqrt{R^2 + x^2}},$$

et l'équation sera

$$(R^2 + x^2)(S\alpha\rho + x)^2 + x^2(\rho^2 - x^2 - 2x\, S\alpha\rho) = 0$$

ou, en simplifiant,

$$(R^2 + x^2)\, S^2\alpha\rho + 2R^2 x\, S\alpha\rho + x^2(R^2 + \rho^2) = 0.$$

Supposons maintenant que, le cône passant toujours par le cercle considéré, le sommet S s'éloigne indéfiniment de l'origine en restant sur la droite qui porte le vecteur α, en d'autres termes, supposant que x grandisse indéfiniment en valeur absolue, on obtiendra à la limite

$$S^2 \alpha\rho + R^2 + \rho^2 = o.$$

Cette équation représente le cylindre de révolution ayant le cercle donné pour section droite.

255. Il est facile d'obtenir directement cette équation. En effet, $TV\alpha\rho$ représente la distance d'un point $M(\rho)$ à l'axe du cylindre; or, cette distance est égale à R, donc

$$- V^2 \alpha\rho = R^2 ;$$

mais de

$$\alpha\rho = S\,\alpha\rho + V\,\alpha\rho,$$
$$\rho\alpha = S\,\alpha\rho - V\,\alpha\rho,$$

on tire

$$- \rho^2 = S^2 \alpha\rho - V^2 \alpha\rho,$$

d'où

$$V^2 \alpha\rho = S^2 \alpha\rho + \rho^2,$$

et, par suite,

$$S^2 \alpha\rho + \rho^2 + R^2 = o.$$

256. **Autres calculs.** — Soit encore α le vecteur-unité qui détermine la direction de l'axe d'un cône engendré par la révolution d'une droite de direction β tournant autour de cet axe, on suppose $\beta^2 = -1$, soit

$$T\rho = t,$$
$$S\,\alpha\rho = S\,\alpha\beta t = - ct,$$

c étant le cosinus de l'angle (α, β), donc

$$S^2 \alpha\rho = c^2 t^2 = - c^2 \rho^2$$

ou

$$S^2 \alpha\rho + c^2 \rho^2 = o ;$$

on retrouve ainsi l'équation du cône.

Pour le cylindre, prenons deux vecteurs-unités β, γ, perpendiculaires entre eux et au vecteur α. Pour un point du cylindre ayant pour section droite le cercle de rayon R, on a

$$\rho = R(\beta \cos\theta + \gamma \sin\theta) + x\alpha.$$

On en déduit

$$\mathrm{S}\,\alpha\rho = -\,x.$$

Mais

$$-\,\rho^2 = \mathrm{T}^2\rho = \mathrm{R}^2 + x^2,$$

donc

$$x^2 = -\,\rho^2 - \mathrm{R}^2,$$

et par suite,

$$\mathrm{S}^2\,\alpha\rho + \rho^2 + \mathrm{R}^2 = 0\,;$$

c'est l'équation du cylindre déjà considéré.

257. Surfaces de révolution. — On peut définir une surface de révolution comme engendrée par un cercle variable suivant une certaine loi dont le centre se déplace sur une droite fixe perpendiculaire au plan de ce cercle, qui est l'axe de la surface. Supposons l'axe pris pour axe des z. La distance de l'origine au plan du cercle est une fonction du rayon, et par suite, l'équation de la surface peut, évidemment, prendre la forme

$$\rho = ir\cos\theta + jr\sin\theta + k\,f(r).$$

Sous cette forme on reconnaît facilement une propriété caractéristique des surfaces de révolution. On a, en effet,

$$d\rho = (-\,ir\sin\theta + jr\cos\theta)\,d\theta + [\,i\cos\theta + j\sin\theta + k\,f'(r)\,]\,dr.$$

Il en résulte que la normale est définie par le vecteur

$$\nu = \mathrm{V}\,(-\,ir\sin\theta + jr\cos\theta)\,[\,i\cos\theta + j\sin\theta + k\,f'(r)\,]$$

ou, en effectuant,

$$\nu = \rho\,f'(r) - k[\,r + f(r)\,f'(r)\,],$$

ce qui exprime que la normale rencontre l'axe en un point indépendant de θ, et par suite, que toutes les normales aux différents points d'un même parallèle ont un point commun situé sur l'axe.

Pour avoir les normales aux points d'un méridien il suffit de considérer, par exemple, le plan $x\mathrm{O}z$, en faisant $\theta = 0$, ce qui donne

$$\nu = irf' - kr,$$

on voit que la normale est alors dans le plan méridien.

258. La propriété de la normale permet d'obtenir autrement l'équation d'une surface de révolution.

Soit α le vecteur qui représente l'axe de révolution; la normale ν rencontre l'axe et le vecteur ρ, on a donc

$$\nu = \lambda \alpha + \mu \rho,$$

λ et μ étant des scalaires.

Or, on a aussi

$$S \nu \, d\rho = 0,$$

donc

$$\lambda S \alpha \, d\rho + \mu S \rho \, d\rho = 0,$$

ce qu'on peut écrire ainsi :

$$\lambda \, d \, S \alpha \rho = \mu \, T \rho \, d \, T \rho.$$

On peut donc poser

$$T \rho = F(S \alpha \rho).$$

D'ailleurs, soient M un point de la surface, P sa projection sur l'axe, et supposons $T \alpha = 1$. Alors $S \alpha \rho = - OP$, et il est évident que OM, ou $T \rho$, est une fonction de OP, donc de $S \alpha \rho$.

On peut aussi définir la surface en écrivant que MP est une fonction de OP. Mais

$$MP = T \, V \alpha \rho,$$

donc

$$T \, V \alpha \rho = \mathscr{F}(S \alpha \rho).$$

259. Autre calcul. — On peut encore procéder de la manière suivante.

Soit

$$\rho = f(u)$$

l'équation d'une courbe. Si l'on fait tourner d'un angle variable θ autour d'un axe λ, on obtiendra l'équation de la surface engendrée en posant

$$\rho = \left(\cos \frac{\theta}{2} + \lambda \sin \frac{\theta}{2} \right) f(u) \left(\cos \frac{\theta}{2} - \lambda \sin \frac{\theta}{2} \right).$$

Si l'on se donne la courbe méridienne, il suffira de poser

$$f(u) = i \, f_1(u) + k \, f_2(u),$$

en supposant que $\lambda = k$, c'est-à-dire que l'axe soit l'axe des z.

260. Tore. — Soient ia le centre du cercle générateur et R son rayon. En raisonnant comme au n° **225**, on peut poser

$$r = (a \mp R \cos u), \qquad f(r) = R \sin u,$$

et nous obtiendrons, pour l'équation du tore,

$$\rho = i \cos\theta (a + R\cos u) + j \sin\theta (a + R\cos u) + k R \sin u.$$

Vérification. — Écrivons

$$\rho = \left(\cos\frac{\theta}{2} + k\sin\frac{\theta}{2}\right)[i(a + R\cos u) + kR\sin u]\left(\cos\frac{\theta}{2} - k\sin\frac{\theta}{2}\right),$$

on trouve en premier lieu

$$\left(\cos\frac{\theta}{2} + k\sin\frac{\theta}{2}\right)[i(a + R\cos u) + kR\sin u]$$
$$= -R\sin u \sin\frac{\theta}{2} + i\cos\frac{\theta}{2}(a + R\cos u)$$
$$+ j\sin\frac{\theta}{2}(a + h\cos u) + kl\sin u \cos\frac{\theta}{2},$$

et en multipliant ce quaternion par $\cos\dfrac{\theta}{2} - \sin k\dfrac{\theta}{2}$, on obtient le même résultat.

261. Section du tore par un plan bitangent. — Considérons le plan perpendiculaire au vecteur

$$\alpha = -i\sin v + k\cos v,$$

v étant défini par

$$\operatorname{tang} v = \frac{R}{b},$$

où $b = \sqrt{a^2 - R^2}$, en supposant $a > R$.

On aura la section du tore par ce plan, en écrivant

$$S \alpha\rho = 0,$$

c'est-à-dire

$$\cos\theta \sin v (a + R\cos u) - R\sin u \cos v = 0,$$

ce qui nous donne

$$\cos\theta = \frac{b\sin u}{a + R\cos u},$$

d'où l'on tire

$$\sin \theta = \varepsilon \frac{a \cos u + R}{a + R \cos u} \qquad (\varepsilon = \pm 1).$$

Cela étant, considérons un vecteur ρ_1 défini par

$$\rho_1 = \varepsilon j R$$

et calculons

$$\rho - \rho_1 = i \cos \theta (a + R \cos u) + j [\sin \theta (a + R \cos u) - \varepsilon R] + k R \sin u$$

On a

$$\begin{aligned}
-(\rho - \rho_1)^2 &= (a + R \cos u)^2 + R^2 - 2 \varepsilon R \sin \theta (a + R \cos u) + R^2 \sin^2 u \\
&= (a + R \cos u)^2 + R^2 - 2 R (a \cos u + R) + R^2 \sin^2 u \\
&= a^2,
\end{aligned}$$

ce qui démontre que la section du tore par un plan bitangent se compose de deux courbes. Avec le plan bitangent considéré, ces cercles ont pour équations

$$(\rho - j R)^2 + a^2 = 0$$

et

$$(\rho + j R)^2 + a^2 = 0.$$

LIGNES DE COURBURE.

262. Soient M, M' deux points infiniment voisins sur une ligne tracée sur une surface donnée.

Un point de la normale en M correspond au vecteur

$$\rho + \lambda \nu,$$

nous regardons le vecteur

$$\rho + d\rho + \mu (\nu + d\nu)$$

comme définissant un point de la normale en M' qui correspond à $\rho + d\rho$, et l'on écrit que M, M' sont deux points d'une ligne de courbure, en posant

$$\rho + \lambda \nu = \rho + d\rho + \mu (\nu + d\nu),$$

ce qui donne

$$(\lambda - \mu) \nu = d\rho + \mu \, d\nu.$$

Si $\lambda \neq \mu$, cette égalité peut être remplacée par celle-ci :

$$S \nu \, d\nu \, d\rho = 0,$$

et si $\lambda = \mu$, on a alors

$$d\rho + \mu \, d\nu = 0,$$

et la même corrélation subsiste.

263. L'équation obtenue est équivalente à l'équation différentielle des lignes de courbure.

En effet, les paramètres directeurs d'une normale sont

$$p, \quad q, \quad -1$$

quand on pose

$$dz = p\,dx + q\,dy,$$

on peut donc poser

$$\nu = ip + jq - k,$$

alors la condition obtenue peut s'écrire

$$\begin{vmatrix} p & q & -1 \\ dp & dq & 0 \\ dx & dy & dz \end{vmatrix} = 0$$

ou

$$dp(dy + q\,dz) - dq(dx + p\,dz) = 0,$$

qu'on écrit ordinairement ainsi :

$$\frac{dp}{dx + p\,dz} = \frac{dq}{dy + q\,dz}.$$

Nous avons vu que les normales à une surface de révolution menées à tous les points d'un même parallèle sont concourantes, et que les normales à tous les points d'une section méridienne sont dans le plan de cette section; nous avons ainsi vérifié que les lignes de courbure d'une surface de révolution sont les parallèles et les courbes méridiennes de cette surface.

264. Sur la sphère toutes les normales concourent au centre, donc toutes les courbes tracées sur une sphère sont des lignes de courbure de cette sphère.

D'ailleurs, sur une sphère, ν a même direction que ρ, donc le scalaire $S\nu\,d\nu\,d\rho$ est identiquement nul.

LIGNES GÉODÉSIQUES.

265. Soit C une courbe tracée sur une surface. La condition pour que le plan osculateur de cette courbe en un point M contienne la normale en M à la surface est que les vecteurs ν, ρ' et ρ'' soient dans un même plan, ν désignant le vecteur normal à la surface. La condition est donc

$$S\nu\rho'\rho'' = 0,$$

on dit que la courbe est une ligne géodésique de la surface considérée si la condition précédente est vérifiée en tous les points de la courbe.

266. Cela étant établi, proposons-nous de trouver le plus court chemin d'un point $A(\rho_1)$ à un point $B(\rho_2)$ sur une surface donnée.

Soit AMB la courbe cherchée. La longueur de l'arc AMB a pour mesure

$$\int_{\rho_1}^{\rho_2} T \, d\rho.$$

Cherchons l'accroissement infiniment petit de cette intégrale quand on passe de la courbe AMB à une courbe infiniment voisine AM'B. On a

$$\delta \int_{\rho_1}^{\rho_2} T \, d\rho = \int_{\rho_1}^{\rho_2} \delta T \, d\rho = - \int_{\rho_1}^{\rho_2} \frac{S \, d\rho \, \delta \, d\rho}{T \, d\rho}$$

$$= - \int_{\rho_1}^{\rho_2} SU \, d\rho \, \delta \, d\rho$$

$$= - (SU \, d\rho \, \delta\rho)_{\rho_1}^{\rho_2} + \int_{\rho_1}^{\rho_2} S \, \delta\rho \, dU \, d\rho;$$

aux extrémités A, B on suppose

$$\delta\rho_1 = 0, \qquad \delta\rho_2 = 0.$$

Il reste donc à annuler

$$\int_{\rho_1}^{\rho_2} S \cdot \delta\rho \, dU \, d\rho.$$

Il est nécessaire qu'en chaque point M on ait

$$S \, \delta\rho \, dU \, d\rho = 0,$$

ce qui exprime que tout déplacement $\delta\rho$ effectué par la surface doit être perpendiculaire à $dU \, d\rho$; sans quoi on pourrait choisir dans le plan tangent en chaque point M une orientation de $\delta\rho$ telle que le scalaire de $\delta\rho \, dU \, d\rho$ fût positif. On aurait ainsi une somme positive. Mais pour que $\delta\rho$ puisse être perpendiculaire à $dU \, d\rho$ quelle que soit l'orientation de $\delta\rho$ dans le plan tangent en M, il est nécessaire et suffisant que $dU \, d\rho$ soit dirigé suivant la même droite que la normale ν à la surface en M.

La condition est donc, pour chaque point de la courbe AMB,

$$V \nu \, dU \, d\rho = 0.$$

267. Je dis que cette condition entraîne

$$S \nu \rho' \rho'' = 0.$$

Pour le prouver, soit r un vecteur *arbitraire* mené par M. Le vecteur ρ'' peut s'exprimer en fonction de ν, ρ' et r, de telle façon que

$$\rho'' = a\nu + b\rho' + cr,$$

a, b, c étant des coefficients scalaires. Calculons

$$\frac{d}{dt} U \rho',$$

t désignant le paramètre dont dépend ρ sur la courbe AMB. On a

$$U \rho' = \frac{\rho'}{T\rho'},$$

$$\frac{d}{dt} U \rho' = \frac{T\rho' \, d\rho' - \rho' \, dT\rho'}{(T\rho')^2}.$$

Mais

$$dT\rho' = - \frac{S\rho'\rho''}{T\rho'},$$

donc

$$\frac{d}{dt} U \rho' = \frac{1}{(T\rho')^3} [\rho''(T\rho')^2 + \rho' \, S\rho'\rho''].$$

On a, d'après l'expression de ρ'',

$$\rho'\rho'' = a\rho'\nu + b\rho'^2 + c\rho'r.$$

Mais

$$S\rho'\nu = 0,$$

donc

$$\rho' \, S\rho'\rho'' = b\rho'^2\rho' + c\rho' \, S\rho'r,$$

et, par suite,

$$\frac{d}{dt} U \rho' = \frac{1}{(T\rho')^3} [- a\nu\rho'^2 - c\rho'^2 r + c\rho' \, S\rho'r].$$

Il faut que le second membre représente un vecteur de même direction que ν; donc, puisque r est arbitraire, on doit avoir $c = 0$ et, par suite,

$$\rho'' = a\nu + b\rho',$$

ce qui entraîne

$$S \nu \rho' \rho'' = 0.$$

Remarque. — Le coefficient de c, soit

$$\rho' S \rho' r - \rho'^2 r,$$

ne peut être nul, sans quoi on aurait

$$\rho'^2 \rho' r = \rho'^2 S \rho' r$$

ou

$$\rho' r = S \rho' r,$$

ce qui entraînerait

$$V \rho' r = 0,$$

ce qu'on ne suppose pas, r étant arbitraire peut être choisi de direction autre que ρ'.

268. Exemples. — *Lignes géodésiques d'un cylindre.* — 1° Prenons tout d'abord un cylindre de révolution. Nous poserons, pour une courbe tracée sur la surface,

$$\rho = i R \cos \varphi + j R \sin \varphi + k R f(\varphi).$$

Déterminons la normale au cylindre

$$\nu = i R \cos \varphi + j R \sin \varphi.$$

Nous devons donc, pour avoir

$$S \nu \rho' \rho'' = 0,$$

poser

$$\begin{vmatrix} \cos \varphi & \sin \varphi & 0 \\ -\sin \varphi & \cos \varphi & f'(\varphi) \\ -\cos \varphi & -\sin \varphi & f''(\varphi) \end{vmatrix} = 0$$

ou, en ajoutant la première à la troisième ligne :

$$\begin{vmatrix} \cos \varphi & \sin \varphi & 0 \\ -\sin \varphi & \cos \varphi & f'(\varphi) \\ 0 & 0 & f''(\varphi) \end{vmatrix} = 0,$$

ce qui donne

$$f''(\varphi) = 0,$$

d'où

$$f(\varphi) = a\varphi + b;$$

en changeant d'origine, on peut supposer $b = 0$, et la courbe est définie par l'équation

$$\rho = i\,\mathrm{R}\cos\varphi + j\,\mathrm{R}\sin\varphi + k\,a\,\mathrm{R}\,\varphi,$$

c'est une hélice ordinaire de pas arbitraire.

269. Passons à un cylindre quelconque.

Une courbe tracée sur ce cylindre peut être représentée par l'équation

$$\rho = i\,x + j\,y + k\,f(u),$$

u étant un paramètre scalaire dont x et y sont des fonctions. On aura

$$\nu = i\,y' - j\,x'.$$

Pour poser

$$\mathrm{S}\,\nu\rho'\rho'' = 0,$$

nous écrirons

$$\begin{vmatrix} y' & -x' & 0 \\ x' & y' & f'(u) \\ x'' & y'' & f''(u) \end{vmatrix} = 0,$$

ou

$$f''(u)(x'^2 + y'^2) = f'(u)(x'x'' + y'y''),$$

c'est-à-dire

$$\frac{f''(u)}{f'(u)} = \frac{x'x'' + y'y''}{x'^2 + y'^2};$$

ce qui donne, en intégrant,

$$f'(u) = h\,\sigma'(u);$$

σ étant l'arc de la base du cylindre, on a donc, en intégrant de nouveau,

$$f(u) = h\sigma,$$

en prenant une origine convenable.

La courbe géodésique a donc pour équation

$$\rho = i\,x + j\,y + k\,.\,h\sigma,$$

c'est encore une hélice.

CHAPITRE IX.

COURBURE D'UNE SECTION NORMALE D'UNE QUADRIQUE
A CENTRE.

270. Soit $M(\rho_1)$ un point de la quadrique à centre ayant pour équation

$$S\rho\,\varphi(\rho) = 1.$$

Nous allons, en premier lieu, calculer la distance d'un point M_1 de la quadrique, $\rho_1 + d\rho_1$, infiniment voisin du point M au plan tangent en M. Ce plan tangent a pour équation

$$S\rho\,\varphi(\rho_1) = 1.$$

La perpendiculaire δ abaissée de M_1 sur le plan, mesurée par le vecteur

$$d\mathrm{U}\varphi(\rho_1),$$

s'obtient en écrivant que le point

$$\rho_1 + d\rho_1 + \delta\mathrm{U}(\rho_1)$$

est dans le plan tangent en M, c'est-à-dire en posant

$$S[\rho_1 + d\rho_1 + \delta\mathrm{U}\,\varphi(\rho_1)]\,\varphi(\rho_1) = 1$$

ou, en développant et simplifiant,

$$S\,d\rho_1\,\varphi(\rho_1) + \delta T\,\varphi(\rho_1)\,U^2\,\varphi(\rho_1) = 0.$$

Mais $\mathrm{U}\varphi(\rho_1)$ étant un vecteur unité, son carré est égal à -1, et, par suite,

$$\delta T\,\varphi(\rho_1) = -\,S\,d\rho_1\,\varphi(\rho_1).$$

Or, le point $\rho_1 + d\rho_1$ appartenant, par hypothèse, à la quadrique donnée, on a

$$S(\rho_1 + d\rho_1)\,\varphi(\rho_1 + d\rho_1) = 1$$

ou
$$2\,\mathrm{S}\,d\rho_1\,\varphi(\rho_1) + \mathrm{S}\,d\rho_1\,\varphi(d\rho_1) = 0.$$

Il en résulte
$$2\,\delta = \frac{\mathrm{S}\,d\rho_1\,\varphi(d\rho_1)}{\mathrm{T}\,\varphi(\rho_1)}.$$

Cela posé, si R désigne le rayon de courbure au point M de la section normale passant par les points ρ_1 et $\rho_1 + d\rho_1$, on a
$$\frac{1}{\mathrm{R}} = \frac{2\,\delta}{ds^2} = \frac{2\,\delta}{\mathrm{T}\,d\rho_1^2},$$

donc
$$\frac{1}{\mathrm{R}} = \frac{\mathrm{S}\,d\rho_1\,\varphi(d\rho_1)}{\mathrm{T}\,\varphi(\rho_1)\,\mathrm{T}\,d\rho_1^2}$$

ou, plus simplement,
$$\frac{1}{\mathrm{R}} = \frac{\mathrm{S}\mathrm{U}\,d\rho_1\,\varphi(\mathrm{U}\,d\rho_1)}{\mathrm{T}\,\varphi(\rho_1)}.$$

On peut calculer la longueur du demi-diamètre de la quadrique qui est parallèle au vecteur $d\rho_1$, soit r ce vecteur; il vérifie l'équation
$$\mathrm{S}\,r\,\varphi(r) = 1.$$

Mais
$$r = \mathrm{T}\,r\,\mathrm{U}\,d\rho_1,$$

donc
$$(\mathrm{T}\,r)^2\,\mathrm{S}\mathrm{U}\,d\rho_1\,\varphi(\mathrm{U}\,d\rho_1) = 1,$$

d'où l'on tire
$$\mathrm{S}\mathrm{U}\,d\rho_1\,\varphi(\mathrm{U}\,d\rho_1) = \frac{1}{(\mathrm{T}\,r)^2},$$

et, par suite, on trouve
$$\frac{1}{\mathrm{R}} = \frac{1}{\mathrm{T}\,\varphi(\rho_1)(\mathrm{T}\,r)^2}.$$

Mais $\mathrm{T}\,\varphi(\rho_1)$ est la distance du centre de la quadrique au plan tangent en M.

En effet, si h est cette distance, le point
$$\rho = h\,\mathrm{U}\,\varphi(\rho_1)$$

est dans le plan tangent en M, donc
$$h\,\mathrm{S}\mathrm{U}\,\varphi(\rho_1)\,\varphi(\rho_1) = 1$$

ou
$$h\,\mathrm{T}\,\varphi(\rho_1) = -1,$$

ce qui donne

$$h = - \frac{1}{T\,\varphi(\rho_1)}.$$

On voit donc que la courbure en M est proportionnelle à la distance du centre de la quadrique au plan tangent en M et inversement proportionnelle au carré du demi-diamètre de la quadrique qui est parallèle à la tangente en M à la section normale considérée.

271. De là résulte une conséquence importante. Soit ρ le demi-diamètre faisant l'angle α avec l'un des axes de la section par le plan diamétral parallèle au plan tangent en M; si a et b sont les axes de cette section, on a, comme on sait,

$$\frac{1}{\rho^2} = \frac{1}{a^2}\cos^2\alpha + \frac{1}{b^2}\sin^2\alpha;$$

donc, si R est le rayon de courbure de la section normale dont la tangente en M est parallèle au demi-diamètre ρ, R_1, R_2, étant les rayons de courbure en M des sections normales dont les tangentes en M sont parallèles aux axes de la section diamétrale considérée, on aura

$$\frac{1}{R} = \frac{1}{R_1}\cos^2\alpha + \frac{1}{R_2}\sin^2\alpha,$$

on obtient ainsi une formule bien connue.

272. Pour déterminer la direction des sections normales qui correspondent aux courbures maximum ou minimum, il suffit de trouver la direction des axes de la section diamétrale dont le plan est parallèle au plan tangent en M. Les équations de cette section sont

$$(1) \qquad \begin{cases} S\,\rho\,\varphi(\rho) = 1, \\ S\,\rho\,\varphi(\rho_1) = 0. \end{cases}$$

La condition de maximum ou minimum de ρ étant

$$(2) \qquad \begin{cases} d\,T\rho = 0 \\ \text{ou} \\ S\,\rho\,d\rho = 0; \end{cases}$$

les équations (1) donnent

$$(3) \qquad \begin{cases} S \, d\rho \, \varphi(\rho) = 0, \\ S \, d\rho \, \varphi(\rho_1) = 0. \end{cases}$$

Les équations (2) et (3) prouvent que $d\rho$ est perpendiculaire aux vecteurs

$$\varphi(\rho_1), \quad \varphi(\rho), \quad \rho.$$

Ces trois vecteurs sont donc dans un même plan, donc

$$S \, \varphi(\rho_1) \, \varphi(\rho) \, \rho = 0.$$

Donc, si l'on suppose $d\rho_1$ parallèle à un axe ρ, on aura

$$S \, \varphi(\rho_1) \, \varphi(d\rho_1) \, d\rho_1 = 0,$$

ce qui prouve que les tangentes aux sections normales en M correspondant à la courbure maximum ou minimum sont précisément les tangentes aux lignes de courbure passant par M. Cela étant, rappelons-nous comment on trouve la plus courte distance de deux droites ayant pour équations

$$\rho = \beta + x \, \alpha,$$
$$\rho_1 = \beta_1 + x_1 \alpha_1,$$

on a posé

$$d \, T(\rho - \rho_1) = 0,$$

c'est-à-dire

$$S(\rho - \rho_1)(d\rho - d\rho_1) = 0$$

ou

$$S(\rho - \rho_1)(\alpha \, dx - \alpha_1 \, dx_1) = 0$$

ou encore

$$S \alpha \, (\rho - \rho_1) = 0,$$
$$S \alpha_1 (\rho - \rho_1) = 0,$$

ce qui prouve que

$$\rho - \rho_1 = \beta + x \alpha - \beta_1 - x_1 \alpha_1 = y \, V \alpha \alpha_1$$

et, par conséquent,

$$S \alpha \alpha_1 (\beta + x \alpha - \beta_1 - x_1 \alpha_1) = y \, S \alpha \alpha_1 \, V \alpha \alpha_1$$

Mais le premier membre se réduit à

$$S \alpha \alpha_1 (\beta - \beta_1),$$

car

$$S \alpha \alpha_0 \alpha = 0, \qquad S \alpha \alpha \alpha_0 = 0,$$

on peut donc écrire

$$S \alpha\alpha_0 (\beta - \beta) = y\, S(\alpha\alpha_0,\, V\alpha\alpha_0).$$

Posons

$$V \alpha\alpha_1 = r,$$

d'où

$$\alpha\alpha_1 = r + S \alpha\alpha_1,$$
$$S \alpha\alpha_1 \, V\alpha\alpha_1 = S\, r^2 + S\, r\, S \alpha\alpha_1 = r^2,$$

car $r\, S \alpha\alpha_1$ est un vecteur.

On a donc

$$y\, r^2 = S \alpha\alpha_1 (\beta - \beta_1) = S\, r(\beta - \beta_1) = T\, r\, SU\, r(\beta - \beta_1).$$

Mais

$$r^2 = - (T\, r)^2,$$

donc

$$y\, V\alpha\alpha_0 = - SU\, V\alpha\alpha_0 (\beta + \beta_0)$$

et enfin, en valeur absolue,

$$d = T\, SU\, V\alpha\alpha_0 (\beta - \beta_0).$$

273. Ceci rappelé, désignons par α et α_1 les vecteurs maximum et minimum de la section diamétrale envisagée, nous pouvons poser

$$d\rho_1 = p\,\alpha + q\,\alpha_1,$$

p et q étant deux scalaires que nous regarderons comme des infiniment petits du premier ordre. Sur la normale au point $M(\rho_1)$, nous prendrons un point P tel que

$$\overline{MP} = x\, \varphi(\rho_1),$$

et nous mènerons par P une parallèle au vecteur α; l'équation de cette parallèle sera

$$\rho = \rho_1 + x\, \varphi(\rho_1) + y\, \alpha.$$

La normale à la quadrique au point $M_1(\rho_1 + d\rho_1)$ a pour équation

$$\rho = \rho_1 + d\rho_1 + z\, \varphi(\rho_1 + d\rho_1).$$

Évaluons la plus courte distance de ces deux droites. En appliquant la formule que nous venons de rappeler, nous obtenons

$$d = S\, [x\, \varphi(\rho_1) - d\rho_1]\, UV\sigma_1\, \varphi(\rho_1 + d\rho_1).$$

En négligeant les infiniment petits du second ordre, et remplaçant $d\rho_1$ par $p\alpha + q\alpha_1$, on a

$$d = \frac{S\,[\,x\,\varphi(\rho_1) - p\alpha - q\alpha_1\,]\,[\,V\alpha\,\varphi(\rho_1) + (p\alpha + q\alpha_1)\,\varphi(\alpha_1)\,]}{TV\alpha\,\varphi(\rho_1)}$$

ou, plus simplement,

$$\frac{ap\,S\,\varphi(\rho_1)\,\alpha\,\varphi(x) + aq\,S\,\varphi(\rho_1)\,\alpha\,\varphi(\alpha_1) + q\,S\,\alpha\alpha_1\,\varphi(\rho_1)}{TV\alpha\,\varphi(\rho_1)}.$$

Mais α étant un vecteur maximum ou minimum, le premier terme du numérateur est nul; $U\alpha$, $U\alpha_1$, $\varphi(\rho_1)$ forment un trièdre trirectangle, donc

$$U\,\varphi(\rho_1)\,\alpha = U\alpha_1,$$

d'ailleurs

$$SU\alpha_1\,\varphi(\alpha_1) = \frac{S\,\alpha_1\,\varphi(\alpha_1)}{T\alpha_1} = \frac{1}{T\alpha_1};$$

en outre,

$$S\,\alpha\alpha_1\,\varphi(\rho_1) = -\,S\,\alpha_1\,\alpha\,\varphi(\rho_1),$$

$$\frac{S\,\alpha_1\,\alpha\,\varphi(\rho_1)}{TV\alpha\,\varphi(\rho_1)} = S\,\alpha_1\,U\alpha\,\varphi(\rho_1) = -\,S\,\alpha_1\,U\alpha_1 = +\,T\alpha_1,$$

donc la plus courte distance est

$$q\left(\frac{x}{T\alpha_1} - T\alpha_1\right).$$

Si l'on pose $x = (T\alpha_1)^2$, on voit que la plus courte distance est nulle, aux infiniment petits du second ordre près, ou, en d'autres termes, est du second ordre. Si $d\rho$ est du premier ordre, le point P est alors le centre de courbure de la section normale menée par la tangente parallèle au vecteur α_1. On obtient ainsi ce théorème :

Si dans le voisinage d'un point M d'une quadrique à centre, on mène des normales à la surface, ces normales concourent en deux droites respectivement parallèles aux axes de la section diamétrale parallèle au plan tangent en M, chacune des droites passant par le centre de courbure de la section normale dont le plan lui est perpendiculaire.

Cette proposition, qui s'étend d'ailleurs à une surface quelconque, correspond à une propriété des lignes focales de la lumière.

Pour avoir plus de détails, le lecteur pourra consulter utilement le second volume du *Traité des Quaternions*, de P.-G. Tait, auquel nous avons beaucoup emprunté. Mais nous ne pouvons nous étendre davantage sans risquer de dépasser notre but.

FIN.

ERRATA.

Page 67, figure 12, mettre la lettre M au point de rencontre des deux droites variables issues de A et B et tirer OM.

Page 79, figure 13, mettre la lettre B' qui manque à un sommet.

TABLE DES MATIÈRES

FIN DE LA TABLE DES MATIÈRES.

Principes

de

Géométrie analytique

(COURS DE GÉOMÉTRIE DE LA FACULTÉ DES SCIENCES)

PAR

Gaston **DARBOUX**

Secrétaire perpétuel de l'Académie des Sciences,
Doyen honoraire de la Faculté des Sciences,
Membre du Bureau des Longitudes.

In-8º (25-16) de vi-520 pages, avec 27 figures.. .. .. 40 fr.

BRISSE (Ch.), Professeur à l'École Centrale et au Lycée Condorcet, Répétiteur à l'École Polytechnique. — **Recueil de problèmes de Géométrie analytique**, à l'usage des classes de Mathématiques spéciales. *Solutions des problèmes donnés aux concours d'admission à l'École Centrale depuis 1862.* 2ᵉ édition. In-8 (23-14), avec figures, 1892 . . . . . . 10 fr.

MICHEL (F.). — Ancien Élève de l'École Polytechnique, Licencié ès-sciences mathématiques, Ingénieur chef des services électriques du Chemin de fer du Nord, et **M. POTRON**, Ancien Élève de l'École Polytechnique, docteur ès-sciences mathématiques. — **La Composition de Mathématiques dans l'Examen d'Admission à l'École Polytechnique de 1901 à 1920.** Un volume in-8 raisin (25-16) de 452 p., avec figures, 1922 . . . . 40 fr.

MICHEL (François), Ancien Élève de l'École Polytechnique, Inspecteur de l'exploitation aux Chemins de fer du Nord. **Recueil de problèmes de Géométrie analytique** à l'usage des élèves de Mathématiques spéciales. *Solution des problèmes donnés au Concours d'admission à l'École Polytechnique de 1860 à 1900.* Volume in-8 (23-14) de xi-240 pages, avec 70 figures, 1900 . . . . 12 fr.

NIEWENGLOWSKI (B.), Ancien Professeur de Mathématiques spéciales au Lycée Louis-le-Grand, ancien Membre du Conseil supérieur de l'Instruction publique, Inspecteur général de l'Instruction publique. — **Cours de Géométrie analytique**, à l'usage des élèves de la Classe de Mathématiques spéciales, des candidats aux Écoles du Gouvernement et des candidats à l'agrégation des Sciences mathématiques. 3 volumes in-8 (25-16), avec nombreuses figures.

Tome I : *Sections coniques.* 3ᵉ édition. Volume de vi-496 pages, avec 120 figures, 1926. (*Nouveau tirage*) . . . . 40 fr.

Tome II : *Construction des courbes planes. Compléments relatifs aux coniques. Courbes définies par des équations différentielles.* 3ᵉ édition. Volume de iv-328 pages, avec figures. (*Nouveau tirage*) . 30 fr.

Tome III : *Géométrie dans l'espace,* avec une Note de E. BOREL, Maître de Conférences à la Faculté des Sciences de Lille. *Sur les transformations en Géométrie.* 2ᵉ édition. Volume de iv-608 pages, avec 43 figures, 1914 . . . . 28 fr.

RÉMOND (A.), Ancien Élève de l'École Polytechnique, Professeur de Mathématiques spéciales à l'École préparatoire de Sainte-Barbe. — **Exercices élémentaires de Géométrie analytique à deux et à trois dimensions,** avec un *Exposé des méthodes de résolution,* suivis des *Énoncés des problèmes donnés pour les compositions d'admission aux Écoles Polytechnique, Normale, Centrale, Navale, au Concours général et à l'Agrégation.* Deux volumes in-8 (23×14), avec figures.

Tome I : *Géométrie à deux dimensions.* 3ᵉ édition, 1898 . . 14 fr.

Tome II : *Géométrie à trois dimensions. Problèmes généraux. Énoncés.* 2ᵉ édition, 2ᵉ tirage corrigé, 1898 . . . . 14 fr.